Vittorio Tessera

Lambretta TV/LI

Terza serie
Series 3
Scooterlinea

Storia, modelli e documenti - History, models and documentation

GIORGIO NADA EDITORE

Giorgio Nada Editore Srl

Coordinamento editoriale/Editorial manager
Leonardo Acerbi

Redazione/Editorial
Giorgio Nada Editore

Impaginazione/Layout
Aimone Bolliger

Copertina/Cover
Sansai Zappini

Giorgio Nada Editore
Via Claudio Treves, 15/17
I – 20090 VIMODRONE MI
Tel. +39 02 27301126
Fax +39 02 27301454
E-mail: info@giorgionadaeditore.it
http://www.giorgionadaeditore.it

Allo stesso indirizzo può essere richiesto il catalogo di tutte le opere pubblicate dalla Casa Editrice.

The catalogue of Giorgio Nada Editore publications is available on request at the above address.

Distribuzione:
Giunti Editore SpA
via Bolognese 165
I – 50139 FIRENZE
www.giunti.it

Lambretta TV/LI terza serie
ISBN: 978-88-7911-746-3

Ringraziamenti

Un sentito ringraziamento va al Centro per la Cultura d'Impresa di Milano per la grande disponibilità concessa nel ricercare le immagini Lambretta nel loro vastissimo archivio storico industriale. Grazie al loro competente lavoro è stato possibile realizzare questo volume con fotografie preziose e inedite. Queste immagini provengono dallo studio del Dott. Zabban, fotografo della Innocenti dal 1957 al 1968, che ha gentilmente donato tutto il suo archivio al Centro per la Cultura di Impresa.

Desidero ringraziare inoltre tutte le persone che mi hanno aiutato nella ricerca della documentazione storica: Cola Gianpiero, Froschen Markus, Aldo Olivero, Lenning Stuard.

E, per finire, un infinito ringraziamento alla famiglia Innocenti, che mi ha sempre sostenuto nella mia opera di ricerca, mi ha dato la possibilità di utilizzare l'archivio storico Innocenti e ha contribuito in maniera sostanziale alla creazione del museo Scooter&Lambretta.

Acknowledgements

My sincere thanks go to the Centre for Business Culture in Milan for the great assistance received in researching Lambretta images in their vast industrial history archive. Thanks to their competence we have been able to illustrate this book with invaluable and previously unpublished photographs. These images come from the studio of Dr. Zabban, the Innocenti photographer from 1957 to 1968 who generously donated his archive to the Centre for Business Culture.

I would also like to thank all those who helped in the historical documentation research: Cola Gianpiero, Froschen Markus, Aldo Olivero, Lenning Stuard.

Last but not least, infinite thanks go to the Innocenti family; they have always supported my research, given me the opportunity to use the Innocenti archive and made a substantial contribution to the creation of the Scooter&Lambretta museum.

Indice | Index

Introduzione alla Scooterlinea

Il 1960 era stato un anno di grazia per l'Innocenti e per la sua Lambretta, la fabbrica aveva raggiunto il suo record assoluto di veicoli costruiti; con una produzione oraria di 74 Lambretta, il 1960 raggiunse la cifra totale di ben 173.171 motoveicoli usciti dalle catene di montaggio.

Numeri così importanti, che pochi anni prima sarebbero stati assolutamente impensabili.

Ed è in questo clima di grande fervore produttivo che il Centro Studi Innocenti inizia lo studio per un nuovo modello da lanciare sul mercato alla fine del 1961; una nuova serie che dovrà caratterizzarsi per una linea più slanciata e sportiva, pur mantenendo invariate le caratteristiche tecniche e meccaniche del modello in produzione.

Una scelta molto saggia: rinnovamento ma non rivoluzione! La struttura della Lambretta LI/TV aveva fornito prova di grande robustezza e stabilità, il motore con trasmissione a catena era ormai diventato un modello di efficienza e affidabilità e quindi il rinnovamento doveva concentrarsi sulla carrozzeria e sui dettagli estetici.

A dir la verità, inizialmente, era stata proposta anche la possibilità di realizzare la nuova Lambretta con una carrozzeria a struttura portante, come già in uso sulla sua "nemica" Vespa.

Lo studio di questo modello fu affidato al famoso designer automobilistico Ghia, che realizzò un manichino di legno dalle linee arrotondate con un originale scudo anteriore di forma piramidale.

Da questo modello si trasse ispirazione per realizzare due prototipi in metallo, con differenti soluzioni stilistiche, ma entrambi con la particolarità della carrozzeria a struttura portante.

Verso la metà del 1960 questo progetto era giunto al completamento finale con la meccanica finita e pronta per i test in strada.

Purtroppo non sono a conoscenza dei risultati dei test, ma comunque il progetto venne scartato in favore di un nuovo modello che mantenesse il classico

Introducing the Scooterlinea

A sinistra, struttura in filo di ferro per la realizzazione di una carrozzeria aerodinamica da proporre per la nuova Terza serie; notare l'ampio cupolino con accenno di un parabrezza, decisamente molto innovativo per uno scooter. Sotto, manichino in legno costruito dallo studio Ghia di Torino. Come si vede si tratta di un progetto molto preliminare e appena abbozzato; curioso lo stemma posizionato posteriormente, era di un modello più vecchio e ormai fuori produzione.

Left, a wire frame for the construction of aerodynamic bodywork to be proposed for the new Series III; note the large front fairing with the hint of a windscreen, highly innovative for a scooter. Below, a wooden styling buck made by Ghia of Turin. As can be seen, this was a very early, preliminary version. The badge positioned at the rear is unusual in that it was an old type, no longer in production.

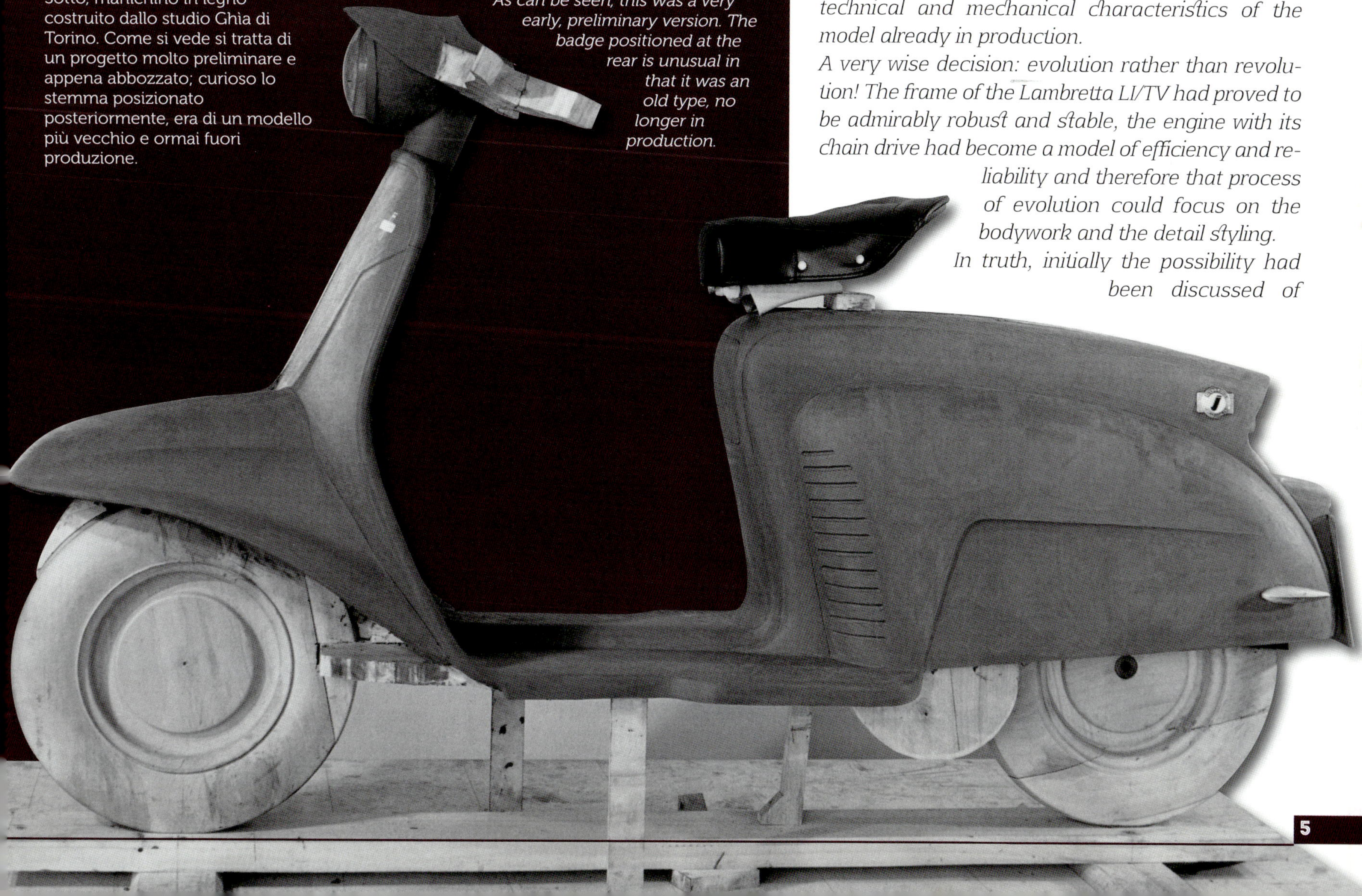

1960 was a year of grace for Innocenti and its Lambretta, with the factory achieving its record production total: with no less than 74 Lambrettas rolling off the lines every hour, a 12-month total of 173,171 units were constructed.
Such impressive statistics would have been absolutely unthinkable just a few years earlier.
It was in the climate of great productive fervour that the Innocenti Research and Development Centre began work on a new model to be launched at the end of 1961; a new series that was to feature sleeker, sportier styling while maintaining unchanged the technical and mechanical characteristics of the model already in production.
A very wise decision: evolution rather than revolution! The frame of the Lambretta LI/TV had proved to be admirably robust and stable, the engine with its chain drive had become a model of efficiency and reliability and therefore that process of evolution could focus on the bodywork and the detail styling.
In truth, initially the possibility had been discussed of

telaio in tubo, punto di forza e tradizione della produzione Innocenti fin dal 1950.
Molto probabile che il Centro Studi abbia avviato, simultaneamente, due progetti distinti in concorrenza tra di loro per stimolare i tecnici a trovare soluzioni estetiche più innovative e originali. Questo spiega la ragione di un progetto a carrozzeria portante che viaggiava di pari passo con lo studio della nuova carrozzeria per il modello con telaio in tubo.
Quindi, a metà del 1961 il progetto vincente fu quello di ridisegnare la carrozzeria mantenendo praticamente invariata la struttura d'insieme della Lambretta.
Di questo progetto, sfortunatamente, non ho ancora trovato nessun bozzetto o disegno tecnico per comprendere quando iniziò lo studio e come si pensava di sviluppare la nuova carrozzeria.

Dalla vista posteriore si può apprezzare l'esclusivo disegno del fanale, del gruppo targa e sua illuminazione. Appare evidente la somiglianza con le super autovetture fuoriserie, tanto in voga in quegli anni.

Le uniche testimonianze sono due preziose foto del 1 luglio 1961 che raffigurano una Lambretta 3° serie quasi completamente definita nella struttura d'insieme, ma ancora da rifinire in diversi particolari.
Guardano attentamente le immagini si può notare che la parte posteriore della carrozzeria sia ancora molto arrotondata e che è il fanalino a renderla più squadrata; inoltre la pedana monta degli strani listelli con terminali in alluminio, che poi saranno sostituiti da più semplici listelli di plastica stampata.
Il motore è ancora quello della LI 2° serie, marmitta compresa, e anche la griglia posteriore e il manubrio sono derivati dalla vecchia serie.

The rear view allows the exclusive design of the rear light and the number plate holder and its illumination to be appreciated. There are clear parallels with the luxury car styling of the era.

equipping the new Lambretta with a monocoque body like that of its great like rival, the Vespa.
The styling of this model was entrusted to the famous automotive design studio Ghia, which produced a wooden styling buck with rounded line and an original pyramid-shaped leg shield.
This mock-up provided inspiration for the creation of two metal prototypes with styling differences, but both featuring a monocoque frame.

Molto interessante e assolutamente originale la sagoma a V dello scudo anteriore, che viene ripreso anche dal parafango. Di stile opposto la parte posteriore, molto tradizionale e antiquata.

By the middle of 1960, this project had reached the final phase with the mechanical configuration defined and ready for road testing.
Unfortunately, I am not aware of the results of the tests, but in any case the project was rejected in favour of a new model retaining the classic tubular frame, a strong suit and a tradition of Innocenti's scooter output since 1950.
It is very probable that the R&D department had simultaneously launched two separate projects that were competing with one another in order to encourage the designers to find the most innovative and original stylistic features. This would explain the motives for a project involving a monocoque chassis carried forwards in parallel with another for a new version of the model with a tubular frame.
It was eventually decided in mid-1961 that the bodywork would be redesigned, while in practice the overall structure of the Lambretta would be retained.
Unfortunately, I have yet to find a sketch or a technical drawing showing when the project was started and how the new bodywork was to be developed.
The only available evidence is in the form of two invalu-

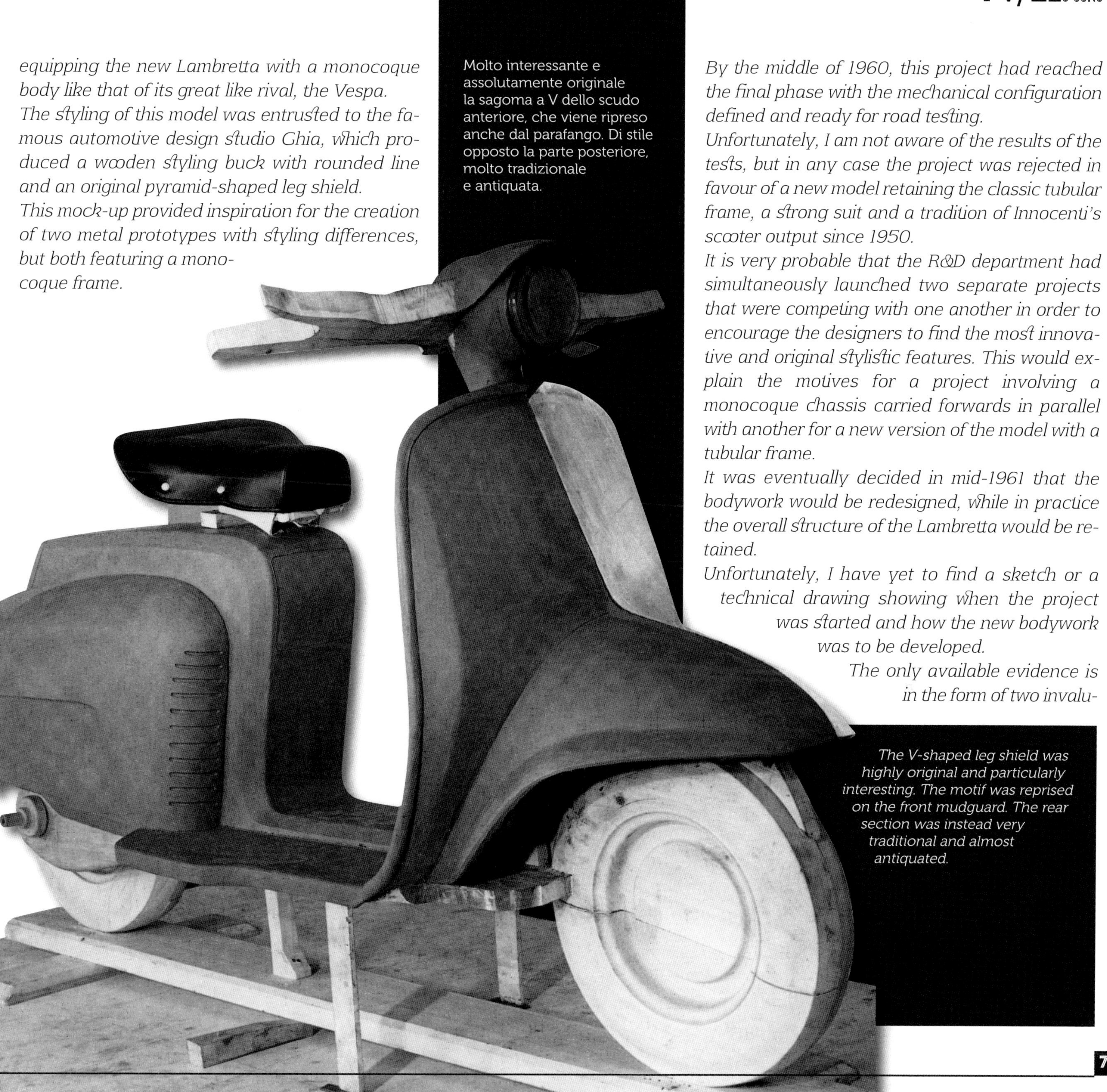

The V-shaped leg shield was highly original and particularly interesting. The motif was reprised on the front mudguard. The rear section was instead very traditional and almost antiquated.

Curiose le scritte sui cofani incredibilmente piccole, considerando che la LI Seconda serie adottava scritte molto importanti e certamente più visibili.
A titolo di cronaca è interessante notare che la Piaggio, da sempre in concorrenza spietata con l'Innocenti, non aveva previsto nuovi modelli per l'anno 1962; si era limitata a piccoli aggiornamenti e rifiniture ma i modelli 125-150 erano rimasti sostanzialmente uguali.
Unica eccezione la GS, che era cresciuta di cilindrata a 160 cc, aveva adottato una nuova ciclistica e un carter motore simile a quello dei modelli più economici 125-150.

Una grande opportunità per la Innocenti, che aveva dunque la possibilità di essere la prima ad introdurre importanti novità stilistiche che avrebbero influenzato tutta la produzione scooteristica internazionale degli anni Sessanta e Settanta.
Le moderne forme della nuova Scooterlinea avrebbero cambiato completamente la personalità dello scooter: da motoveicolo utilitario da trasporto, pratico ed economico, a moderno oggetto di design, divertente, sportivo e alla moda!
Ed è con queste premesse che la Innocenti, nel 1962, lanciò sul mercato motociclistico internazionale la nuova LI Terza serie, uno scooter dotato di un fascino

In questo manichino più recente si era esaminata la possibilità di adottare il parafango girevole, come sugli studi iniziali della LI Prima serie. Il manubrio è ancora quello standard della seconda serie.

This later mock-up shows that the possibility of using a turning mudguard, like that on the initial LI Series I had been examined. The handlebar is still the standard Series II design.

La versione definitiva del progetto Ghia in due versioni che si differenziano unicamente per un diverso motivo della calandra centrale. Quello con la griglia copri claxon è sicuramente più vicino allo stile Lambretta mentre l'altro, con il claxon a vista, è davvero troppo simile alla Vespa.

The definitive version of the Ghia project in two versions that differed solely in alternative central grille designs. The one with the horn cover grille is certainly closer to the Lambretta style, while the other, with the horn exposed, really is too similar to the Vespa.

able photos from the 1st of July 1961 that show a Lambretta Series III in close to its form, albeit with a number of details still to be defined.
Looking carefully at the photos you can see that the rear part of the bodywork is still very rounded and that it is the rear light that makes it more square-cut; moreover, the platform is fitted with strange strips with aluminium ferrules that were later to be replaced with simpler plastic strips.
The engine was still that of the LI Series II, including the exhaust, with the rear grille and the handlebar also being derived from the older series.
Curiously, the badging on the side panels was incredibly small given the LI Series II had much larger and certainly more legible badging.
For the record, it is interesting to note that Piaggio, always Innocenti's closest rival, had not planned on new models for 1962; it had restricted itself to minor modifications and trim changes with the 125-150 remaining substantially unchanged.
The sole exception was the GS, the displacement of which was increased to 160 cc and was fitted with a new crankcase similar to that of the more economical 125-150 models.
A great opportunity for Innocenti, which therefore had the chance to be the first to introduce major

irresistibile che riuscì a conquistare il cuore di centinaia di migliaia di scooteristi in tutto il mondo. E ancora oggi la Terza serie è considerata uno dei più straordinari prodotti della Innocenti, una azienda 100% italiana che ha fatto conoscere ed apprezzare lo stile italiano in tutto il pianeta.

In questa vista anteriore del prototipo con telaio a carrozzeria portante è molto evidente la sua somiglianza con la Vespa. Fortunatamente si è poi preferito seguire un'altra strada!

In this front view of the prototype with monocoque bodywork, the design's similarities to the Vespa are clearly evident. Fortunately, it was decided to follow another path!

styling novelties that were to influence international scooter production throughout the Sixties and Seventies.
The modern lines of the new Scooterlinea were to radically change the image of the scooter: from a utilitarian, practical and economical means of transport to a modern design object, fun, sporty and fashionable.
It was against this background that in 1962 Innocenti launched the new LI Series III on the international two-wheeler market, a scooter with an irresistible appeal that succeeded in winning the hearts of hundreds of thousands of scooter riders throughout the world.
Still today the Series III is considered to be one of the greatest models ever produced by Innocenti, a 100% Italian company that helped the world fall in love with Italian style.

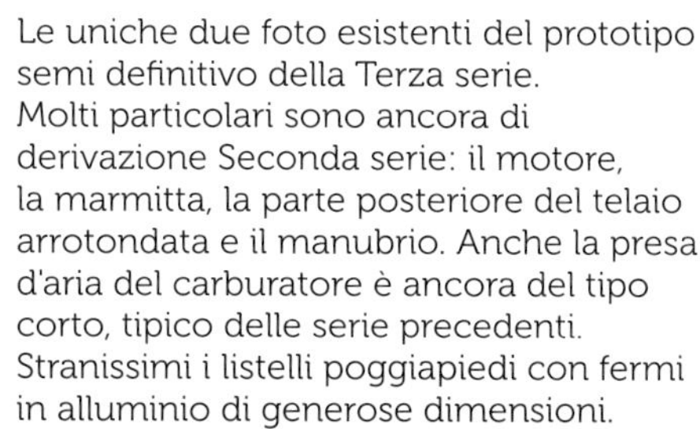

Le uniche due foto esistenti del prototipo semi definitivo della Terza serie.
Molti particolari sono ancora di derivazione Seconda serie: il motore, la marmitta, la parte posteriore del telaio arrotondata e il manubrio. Anche la presa d'aria del carburatore è ancora del tipo corto, tipico delle serie precedenti. Stranissimi i listelli poggiapiedi con fermi in alluminio di generose dimensioni.

The only two surviving photos of the semi-definitive Series III prototype. Many details are still derived from the Series II: the engine, the exhaust, the rounded rear part of the frame and the handlebar. The carburettor air intake is still the short type, typical of the preceding series. The footrest slats with generously sized aluminium ferules are very odd.

125 LI Terza serie

La prima Lambretta LI Terza serie prodotta fu la 125. Fu certamente un'anomalia nella storia dell'Innocenti; infatti, per tradizione, era sempre il modello più esclusivo a lanciare le nuove tendenze costruttive che sarebbero poi state introdotte anche sui modelli più popolari.
Questa volta l'onere... e l'onore di rappresentare la rinnovata gamma Innocenti fu riservato alla modesta 125 LI, da sempre il modello base e più economico della serie Lambretta.
Ma che nome dare alla nuova Lambretta? Inizialmente si pensò di cambiare la sigla LI (che significava Lusso-i) poiché il nuovo modello era realmente un grande passo avanti rispetto al passato e la sua linea si staccava radicalmente dalle versioni precedenti.
Si studiarono diversi loghi, sigle e nomi che avrebbero dovuto rappresentare il grande cambiamento stilistico della Lambretta, certamente uno dei più importanti nella storia della Casa.
Alla fine si preferì proseguire la tradizione delle sigle LI-TV con l'aggiunta di "Terza serie", che rappresentava comunque la continuità con il passato. Per rendere più efficace l'introduzione della nuova serie, furono coniati simpatici soprannomi, che dovevano rimarcare le grandi novità stilistiche della Terza serie: Scooterlinea 62 in Italia e Slimstyle nel resto del mondo furono gli slogan che accompagnarono la Lambretta Terza serie in tutte le campagne pubblicitarie del 1962.
Ma quali erano le importanti novità stilistiche introdotte dalla LI Terza serie?
La più eclatante era certamente lo snellimento della carrozzeria per migliorare l'aerodinamica e quindi i consumi.
Lo scudo anteriore fu completamente ridisegnato, riducendo notevolmente le dimensioni e modellando la sua forma per avere una migliore penetrazione aerodinamica. Il parafango anteriore, di conseguenza, era stato ridotto in larghezza per adattarsi al nuovo profilo dello scudo.

125 LI Series III

Una bella ragazza orientale fa da testimonial, all'uscita dalla catena di montaggio, della inedita 125 LI Terza serie. Siamo nel dicembre 1961 e la nuovissima Lambretta inizierà la sua lunga avventura sulle strade di tutto il mondo.

A beautiful model poses at the end of the assembly line with the new 125 LI Series III. This was in the December of 1961 and the brand-new Lambretta was about to begin its long adventure on roads throughout the world.

The first Lambretta LI Series III to be produced was the 125.
It was certainly an anomaly in the Innocenti story; in fact it was a factory tradition that the most exclusive model would launch new features, which would then trickle down to the more economical models.
This time the honour of representing the renewed Innocenti range went to the relatively modest 125 LI which had always been the most economical of Lambrettas.
But what was the new model to be called? Initially, the firm had intended to change the LI name (which stood for Lusso-i) as the new model really did represent major progress with respect to the past and its styling made a clean break with previous versions.
Various logos, names and initials that were considered to represent what was without doubt one of the most significant styling changes to the Lambretta in the history of the marque.
In the end the firm preferred to go with the traditional LI-TV initials with the addition of a Series III tag, in the name of continuity with the past. In order to facilitate the introduction of the new series a number of nicknames were coined that were designed to draw attention to the Series III's major styling novelties: Scooterlinea 62 in Italy and Slimstyle in the rest of the world were those chosen to accompany the Lambretta Series III in all the 1962 advertising campaigns.
What were the major styling modifications introduced with the LI Series III?
The most eye-catching was without doubt the slimming down of the bodywork to improve the aerodynamics and therefore fuel consumption.
The leg shield was completely redesigned, with its dimensions being notably reduced and its shape remodelled to improve drag. The front mudguard was consequently reduced in width in order to adapt it to the new shield shape.
The platform was now narrower and less protective than that of the previous series, while still guarantee-

La pedana era ora più stretta e meno protettiva rispetto alla serie precedente, pur garantendo comunque un buono spazio per le gambe, anche per le persone di statura più elevata.
In tutta questa operazione di rimodellamento della carrozzeria, chi ha avuto la peggio è stato sicuramente il passeggero che, a causa del restringimento delle pedane posteriori, non aveva più a disposizione quel bel piano di appoggio per i piedi che sulla Seconda serie era veramente ampio e comodissimo.
Nella parte posteriore i nuovi cofani più lineari e squadrati davano alla Lambretta un taglio decisamente più sportivo rispetto alla Seconda serie che, con la loro forma arrotondata, erano molto vicini ai temi stilistici della Vespa.
Ultima novità, non meno importante, il fregio posteriore incastonato in un'elegantissima cornice in alluminio lucidato, veramente un gran tocco di classe e qualità!
La misura dei gruppi ottici rimasero quelli già in uso sulla Seconda serie: 120 mm il faro anteriore e 120 x 50 il catadiottro posteriore, in questo caso incorporato in un bel supporto in alluminio che fungeva anche da raccordo alla costola centrale.
Anche per il manubrio era stata riservata una bella cura dimagrante, riducendo la sua larghezza complessiva per migliorare ulteriormente l'aerodinamica della posizione di guida. Al centro troneggiava il nuovo tachimetro a forma trapezoidale, di grande impatto visivo, che rimase identico nella forma fino al termine della produzione nel 1971.
Tutto bene, ma fino ad un certo punto; infatti, se con la LI-TV Seconda serie si era raggiunto un rapporto

In questa vista frontale di una 125 del 1962 si può notare l'adozione di pneumatici di marca Ceat. Questa marca era considerata di qualità inferiore rispetto alla Pirelli SC93 e, tendenzialmente, veniva adottata sui modelli più economici come la 125.

In this front view of a 125 from 1962 you can seen that Ceat tyres are fitted. This brand was considered to be of inferior quality to the Pirelli SC93 and tended to be fitted to the more economical models such as the 125.

La Lambretta di queste foto fa parte della prima produzione e si riconosce dal fatto che il carter lato trasmissione non ha le alette di rinforzo all'uscita del perno avviamento.

The Lambretta in these photos is from the first production batch, as shown by the fact that the transmission side casing had no reinforcing webs in the area of the starting lever hub.

ing ample space for the legs, even for taller riders. In this remodelling of the bodywork, it was in fact the passenger who came off worst due to the narrowing of the rear footplates that were particularly roomy and very comfortable on the previous series. At the rear, the new, more linear and square-cut side panels gave the new Lambretta a far more sporting appeal than the Series II that with its rounded forms was far closer to the styling themes of the Vespa. The final but by no means less important novelty was the rear badge set in a particularly elegant polished aluminium frame, a touch of great class and quality! The lighting clusters were of the same size as those used on the Series II: a 120 mm headlight and 120x50 mm for the rear reflector unit, in this case incorporated in an attractive aluminium housing that also acted an extension of the central rib.

qualità/prodotto di altissimo livello, con l'introduzione della Terza serie iniziò una prima fase di riduzione dei costi per poter essere più competitivi con la nascente concorrenza automobilistica.
Questa nuova strategia portò a una drastica riduzione dello spessore delle lamiere e, di conseguenza, ad un indebolimento generale della carrozzeria che accusava facili rotture e crepe nella lamiera delle padane e dei cofani.
Una corsa al risparmio che portò la Innocenti a contattare una società americana per verificare i costi e le eventuali soluzioni per ridurli; ma di questo se ne parlerà dettagliatamente in un altro capitolo del libro.
Come detto in precedenza, la 125 LI Terza serie fu la prima ad uscire dalla catena di montaggio nel dicembre del 1961, con una pre-produzione di 3.125 esemplari. Queste sono le uniche Lambretta Terza serie costruite nel 1961; l'avvio definitivo della produzione arriverà a gennaio 1962 con l'aggiornamento definitivo della catena di montaggio per il nuovo modello.
Inizialmente l'unico colore disponibile era il "Celeste Iseo"; poi vennero messi in catalogo anche il Grigio 1961 e, un paio di anni dopo, l'Azzurro Chiaro'64 e un Bianco (quest'ultimo in pochissimi esemplari prodotti).
Durante la sua produzione ricevette numerose modifiche, soprattutto di carattere tecnico e meccanico, che sono state ampiamente esaminate nel Libro "Guida all'identificazione".
Mi limiterò, quindi, aD esporre solo le più importanti e significative.

Dalla vista dall'alto si può apprezzare la linea eccezionalmente aerodinamica della carrozzeria; una forma così perfetta che le ha consentito di aumentare le prestazioni senza incrementare il consumo di carburante.

The overhead view reveals the exceptionally aerodynamic lines of the bodywork; such a perfect shape allowed performance to be improved without an increase in fuel consumption.

The handlebar assembly was also much slimmer, its overall width being reduced to further improve the aerodynamics of the riding position. In the centre was the new trapezoidal speedometer, of great visual impact, the shape of which was to remain unchanged through to the end of production in 1971.
This was all very well, but while with the LI-TV Series II an extremely high level of product quality had been achieved, the Series III saw the introduction of a first phase of cost-cutting measures intended to ensure the Lambretta remained competitive in the face of growing pressure from the expanding city car sector. This new strategy led to a drastic reduction in the thickness of the sheet metal and, consequently, to a general weakening of the bodywork that meant that the footboards and side panels were subject to frequent breakages and cracking.

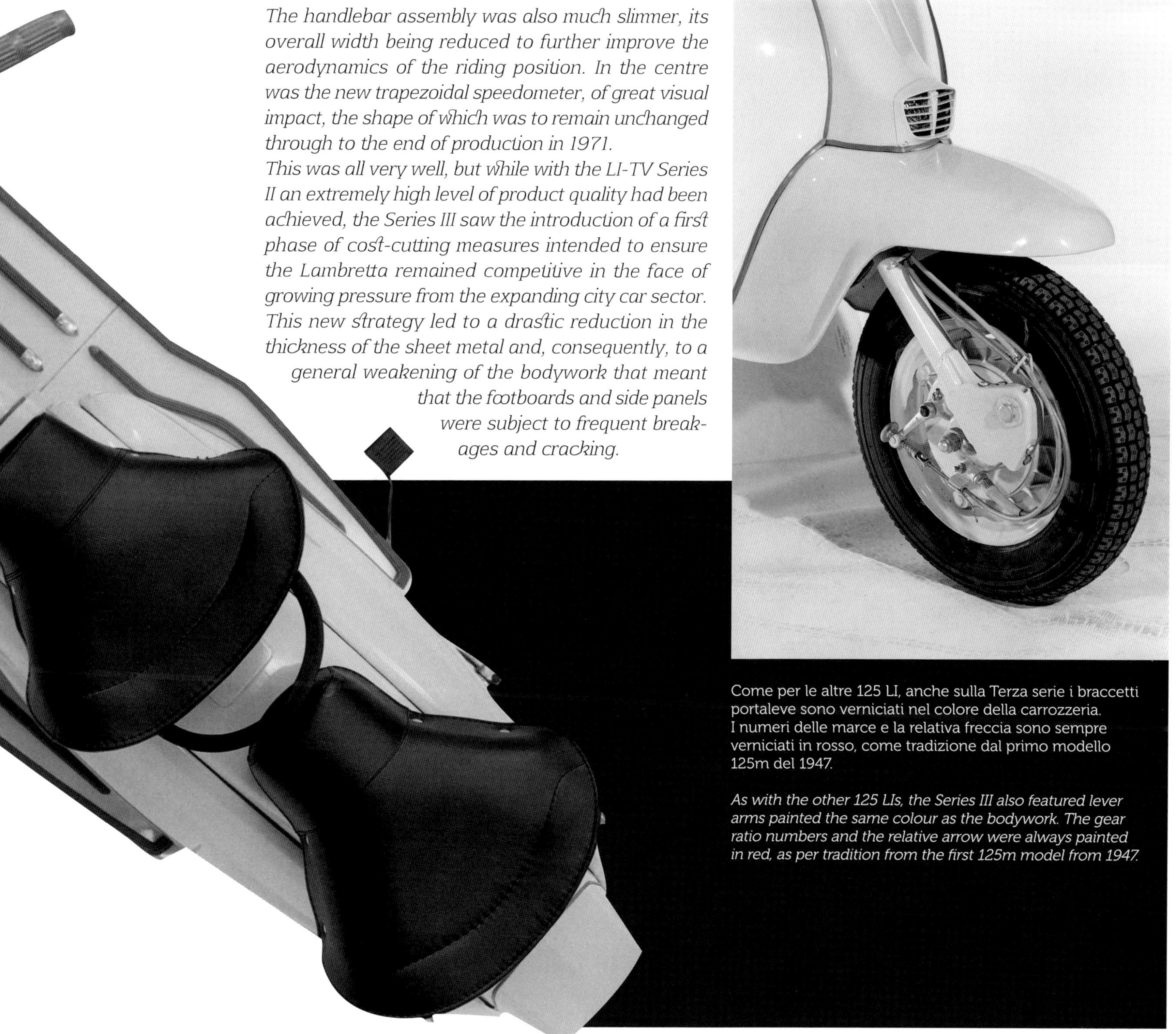

Come per le altre 125 LI, anche sulla Terza serie i braccetti portaleve sono verniciati nel colore della carrozzeria.
I numeri delle marce e la relativa freccia sono sempre verniciati in rosso, come tradizione dal primo modello 125m del 1947.

As with the other 125 LIs, the Series III also featured lever arms painted the same colour as the bodywork. The gear ratio numbers and the relative arrow were always painted in red, as per tradition from the first 125m model from 1947.

Sotto lo sportello è visibile l'adesivo che specifica il tipo di olio da usare per la miscela. All'inizio del 1966 verrà sostituito con uno più piccolo di colore rosso; la vaschetta salva goccia non è presente perché verrà introdotta successivamente.

The under side of the cover carried a sticker indicating the type of oil to be used for the fuel mixture. Early in 1966 it was to be replaced with a smaller red one. The drip tray is not present because it was only fitted from a later date.

La prima rilevante modifica riguardava l'impianto elettrico; nel modello 1962 era stato montato lo stesso impianto che già era adottato sulla 125 del 1961, quello con l'interruttore stop a un cavo. Questo particolare impianto prevedeva che la corrente che accendeva la luce dello stop fosse ricavata dalla massa della bobina interna che alimentava la bobina esterna di alta tensione. Era un sistema abbastanza semplice che però aveva il grave difetto: se la lampadina posteriore si bruciava, all'azionamento del pedale del freno la Lambretta si fermava per mancanza di corrente alla candela.

Nel 1963 questo inconveniente venne superato con l'introduzione di un nuovo gruppo volano magnete a 6 poli, dove 5 bobine separate fornivano la corrente ai diversi servizi elettrici: luci, claxon, stop e accensione. Nel 1965 fu eliminata la ghiera cromata di raccordo tra il frontale e il manubrio; in questo caso venne anche modificata la forma del manubrio, per recuperare lo spazio occupato dalla ghiera, e la parte superiore dello scudo, per raccordarsi con la nuova sagoma del manubrio.

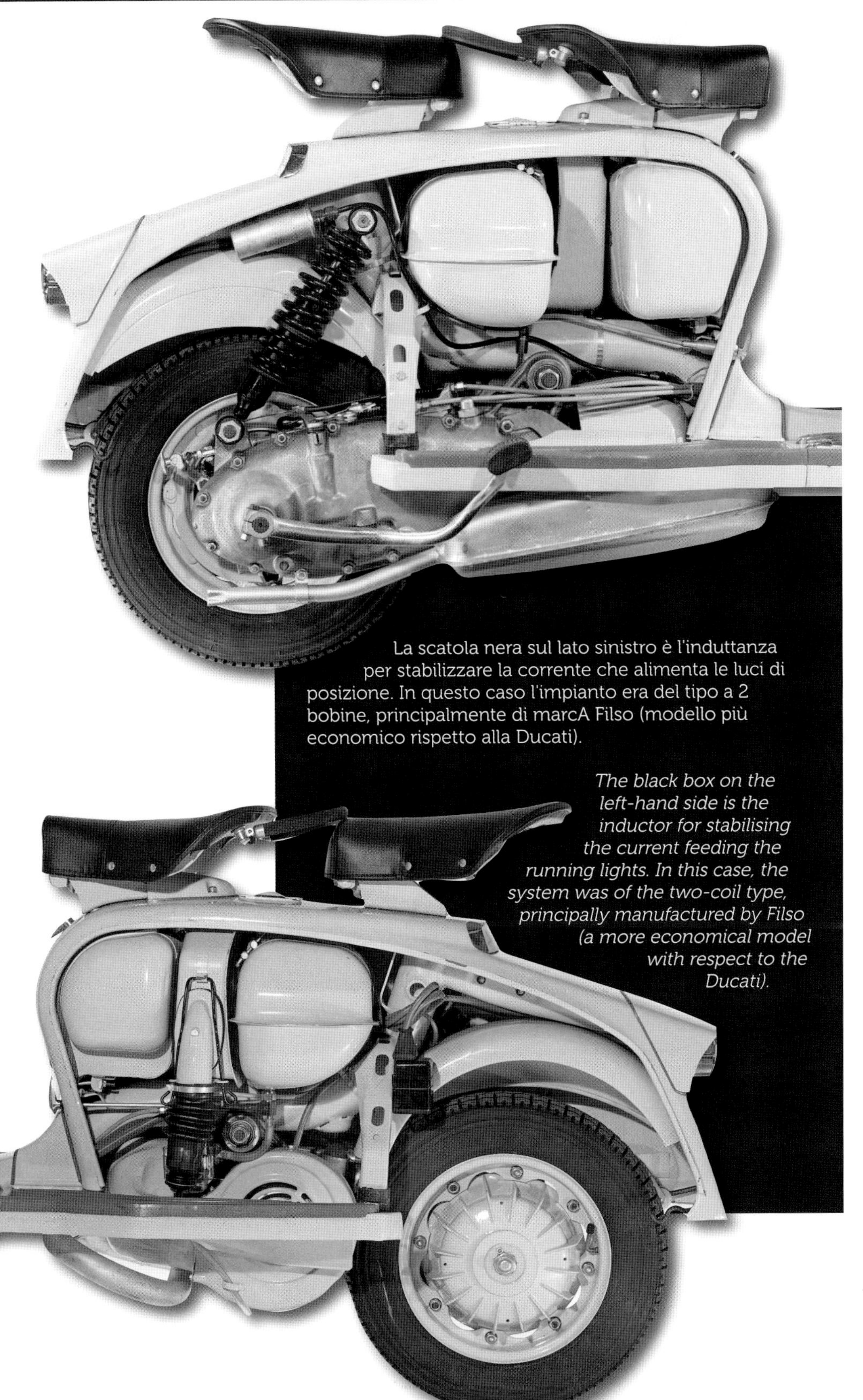

La scatola nera sul lato sinistro è l'induttanza per stabilizzare la corrente che alimenta le luci di posizione. In questo caso l'impianto era del tipo a 2 bobine, principalmente di marcA Filso (modello più economico rispetto alla Ducati).

The black box on the left-hand side is the inductor for stabilising the current feeding the running lights. In this case, the system was of the two-coil type, principally manufactured by Filso (a more economical model with respect to the Ducati).

This focus on shaving expenses led Innocenti to contact an American company to verify costs and propose means of reducing them, although this will be discussed in more detail in a later chapter.
As mentioined, the 125 LI Series III was the first to leave the production line in the December of 1961, with a pre-production batch of 3,125 examples. These were the only Series III Lambrettas constructed in 1961; the definitive launch of production came in January 19862 with the completion of the updated assembly line for the new model.
Initially, the only colour available was "Celeste Iseo", a light blue; subsequently grey 1961 and a couple of years later light blue '64 were added along with a white (this last featuring on a very few examples).
During its production life, the model was subjected to numerous modifications, largely of a technical/mechanical nature, which have been covered in detail in the book "Illustrated Guide to the Identification".
I will therefore mention only the most important and significant here.
The first modification of note concerned the electrical system; the 1962 model was fitted with the same system adopted on the 1961 125 with the single wire brake light switch.
This unusual system drew the current for the brake light from the earth wire of the internal coil feeding the external HT coil. It was a fairly simple layout but had a serious defect: should the rear bulb burn out, the Lambretta's engine would cut out when the brake was applied due to a lack of current at the spark plug.
In 1963, this problem was overcome with the introduction of a new six-pole flywheel magneto assembly, in which five separate coils supplied current to the different electrical components: lights, horn, brake light and ignition.
In 1965, the chrome bezel between the front shield and the handlebar was eliminated; the shape of the handlebar was modified to make up for the absence

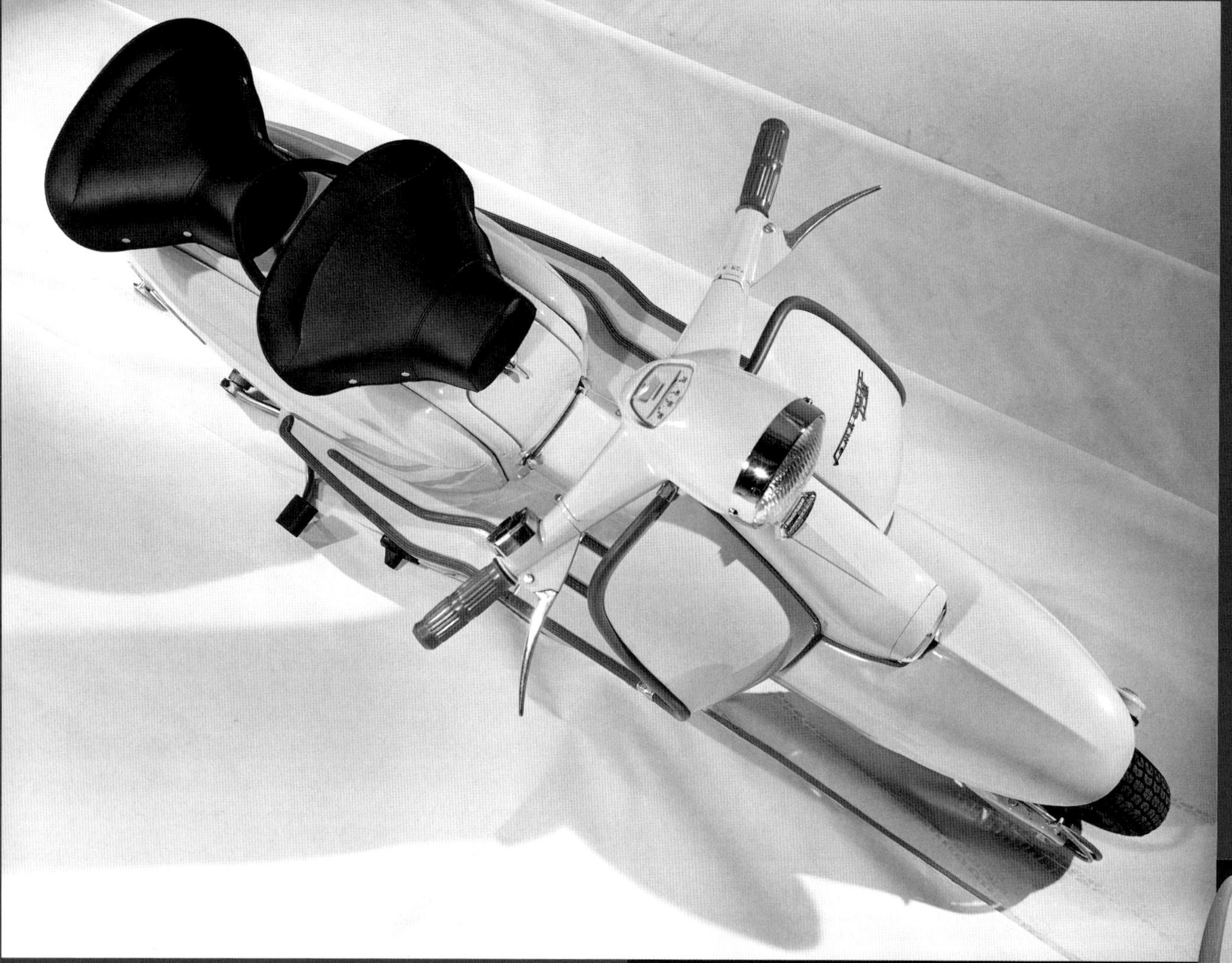

Il tachimetro della 125 ha sempre avuto la scala a 80 Km/h. Normalmente era di fabbricazione Veglia-Borletti ma, in alcuni rari casi,è possibile trovare strumenti prodotti dalla CEV. Purtroppo i pezzi non sono intercambiabili, a parte il vetro e la guarnizione, e quindi il CEV è più difficile da riparare in quanto poco diffuso.

Sempre nel 1965, per ridurre i costi di produzione, venne sostituito il materiale delle carrucole comando cambio e gas da ottone a nylon, oltre ad altre piccole modifiche di dettaglio.
Un altro importante aggiornamento riguardava i rapporti al cambio, che furono modificati per ben due volte: inizialmente il primario aveva la seguente numerazione 9-12-16-19, poi dal numero di telaio 94.181 venne introdotta una variante per avvicinare i rapporti; la nuova numerazione diventò quindi 11-13-17-19. Infine nel 1968, con l'introduzione del prefisso

The speedometer of the 125 always had an 80 kph scale. It was normally a Veglia-Borletti component, in a few rare cases CEV-branded instruments may be found. Unfortunately, the components are not interchangeable, with the exception of the glass and the seal, and given its rarity the CEV is more difficult to repair.

La scritta Lambretta allo scudo è stata prodotta da due diverse aziende: una più bassa con la lettera "a" più chiusa, l'altra più alta con la lettera "a" più aperta; sono comunque originali entrambi.

The Lambretta script on the leg shield was produced by two different companies: one is lower with the letter "a" more closed, the other taller with the letter "a" more open; in any case they are both original.

of the bezel, with the upper part of the leg shield being shaped to match the new handlebar profile.

Again in 1965, in order to reduce production costs, the material of the gearshift and throttle control pulleys was changed from brass to nylon, while a number of other detail modifications were introduced.

Another important update concerned the gear ratios, which were actually modified twice: initially the primary drive was numbered 9-12-16-19, but then from chassis No. 94.181, a variation was introduced to close up the ratios, the new numbering becoming 11-13-17-19. Finally in 1968, with the introduction of the LI4 prefix, the 10-12-15-19 sequence was adopted, with 4th much taller than the other three speeds.

With the LI 4, the 125 received the final styling modifications prior to the model going out of production; it was principally, the concealed engine cover clasps (like those of the DL), the SX-type "Lambretta Innocenti" badging at the rear, the fork with inset bump

La 125 all'uscita dalla catena di montaggio; i più attenti noteranno un piccolo adesivo rosso sul faro della seconda Lambretta. Si tratta di un avviso del personale di controllo per la mancanza di una vite che fissa il faro.

The 125 leaving the production line: the most attentive will notice a small red sticker on the headlight of the second Lambretta. This was a note from the quality control staff signalling a missing screw fixing the light.

LI4, fu adottata quest'ultima sequenza 10-12-15-19 con la quarta nettamente distanziata dalle altre tre marce. Con la LI 4 la 125 ricevette le ultime modifiche estetiche prima della definitiva uscita di produzione; si trattavano, principalmente, della chiusura dei cofani con gancio a scomparsa (tipo DL), della scritta posteriore "Lambretta Innocenti" (tipo SX), della forcella con i tamponi ad incastro (tipo DL), dello stemma anteriore di forma rettangolare e del cassetto portaoggetti in plastica.
Attualmente quest'ultimo modello ha avuto un grande interesse da parte dei collezionisti perché è stata la versione prodotta in minor numero di esemplari. Penso che sia corretto affermare che, comunque, si tratta di una popolare Lambretta 125 LI Terza serie, prodotta in più di 140.000 esemplari, e non certo paragonabile alla valutazione di una 175 TV, scooter di alto prestigio e classe superiore.

stops (CL-type), the rectangular front badge and the plastic glovebox.
This last model is currently attracting great interest among collections as it was the version produced in the least number of examples. However, I believe that it is true to say that It is in any case a popular Lambretta 125 LI Series III, produced in more than 140,000 examples, and in no way comparable with a 175 TV, a prestige scooter of a higher class.

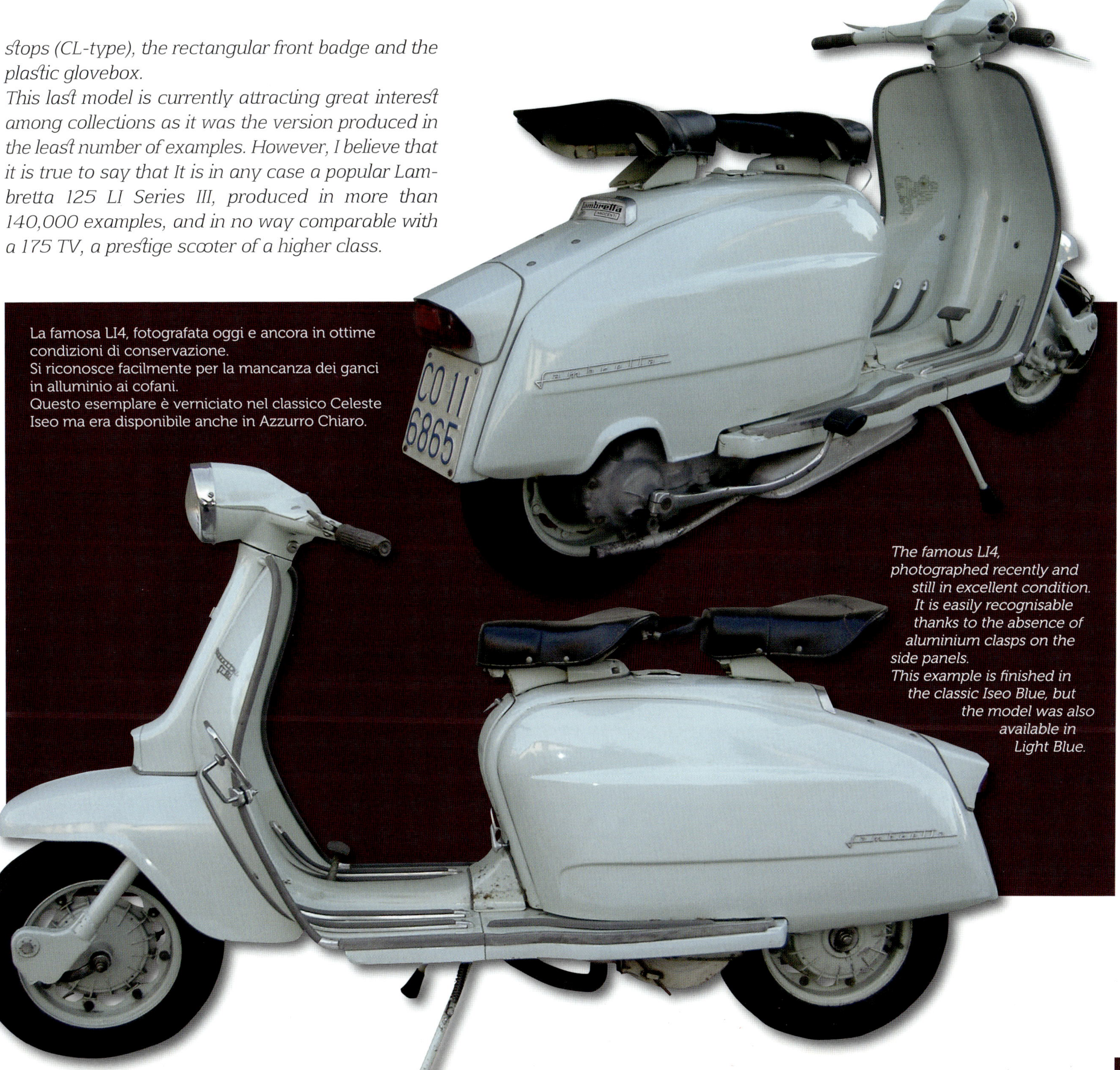

La famosa LI4, fotografata oggi e ancora in ottime condizioni di conservazione.
Si riconosce facilmente per la mancanza dei ganci in alluminio ai cofani.
Questo esemplare è verniciato nel classico Celeste Iseo ma era disponibile anche in Azzurro Chiaro.

The famous LI4, photographed recently and still in excellent condition. It is easily recognisable thanks to the absence of aluminium clasps on the side panels. This example is finished in the classic Iseo Blue, but the model was also available in Light Blue.

150 LI Terza serie

Come già accennato nel capitolo precedente, la 125 nacque un mese prima della 150. In effetti la produzione della 150 LI Terza serie iniziò a gennaio del 1962 per terminare a gennaio del 1967, cinque anni tondi tondi di notevoli successi e grande popolarità.
Con 143.091 unità vendute, la 150 LI Terza serie è stato certamente uno dei modelli Lambretta più venduti in assoluto, anche se molto lontano dal record di oltre 200.000 unità raggiunto dalla inossidabile 150 LI Seconda serie.
Per la presentazione della nuova serie la Innocenti preparò un battesimo in grande stile presso il salone centrale del Centro Studi dello stabilimento di Lambrate.
Con la presenza del sindaco di Milano Prof. Cassinis e molte altre personalità del mondo dello spettacolo e della politica, la Terza serie entrò ufficialmente sul mercato nazionale ed internazionale.
Presso i vari concessionari locali vennero organizzati degli "open day", come si usa dire oggi, con dimostrazioni su strada e informazioni tecniche sulle importanti novità del rinnovato modello Innocenti.
Fu un grande successo mediatico perché la Terza serie era realmente una importante novità nel campo scooteristico, le sue linee slanciate e prettamente sportive erano una assoluta innovazione, che sarebbero state per molti anni il punto di riferimento di tutti i produttori mondiali di scooter.
Come di tradizione la 150 venne subito offerta nella classica livrea bicolore, una delle caratteristiche più riconoscibili degli scooter Lambretta, rispetto alle tinte monocromatiche della Vespa.

Nella vista da tre quarti si possono apprezzare le prefette proporzioni delle forme della nuova LI 3. Purtroppo non siamo a conoscenza del designer che ha saputo disegnare un oggetto tanto bello è raffinato.

The three-quarter view allows the perfect proportions of the styling of the new LI III to be appreciated. Unfortunately we do not know the name of the designer responsible for such a masterpiece.

150 LI Series III

In queste foto, preparate per le campagne pubblicitarie, per rendere ancor più filante la linea della nuova LI Terza serie è stato completamente tolto il cavalletto e il suo parafango di supporto. Manca anche il tubetto di sfiato al carburatore, forse si erano dimenticati di metterlo!

In these photos, prepared for the advertising campaigns, the stand and its supporting mudguard have been removed to render the lines of the LI II even sleeker. The carburettor breather tube is also absent; perhaps they forgot to fit it!

As already mentioned in the previous chapter, the 125 was launched a month ahead of the 150. Production of the 150 LI Series III in fact began in January 1962 and concluded in January 1967, a neat five-year run of notable success and great popularity.
With 143,091 units sold, the 150 LI Series III was without doubt one of the best selling Lambrettas of all, despite falling considerably short of the record of more than 200,000 units achieved by the timeless 150 LI Series II.
Innocenti prepared a baptism in grand style in the central hall of the Lambrate factory's Research Centre for the presentation of the new model.
In the presence of the mayor of Milan, Prof. Cassinis, and many other notables from show business and politics, the Series III officially entered the national and international markets.

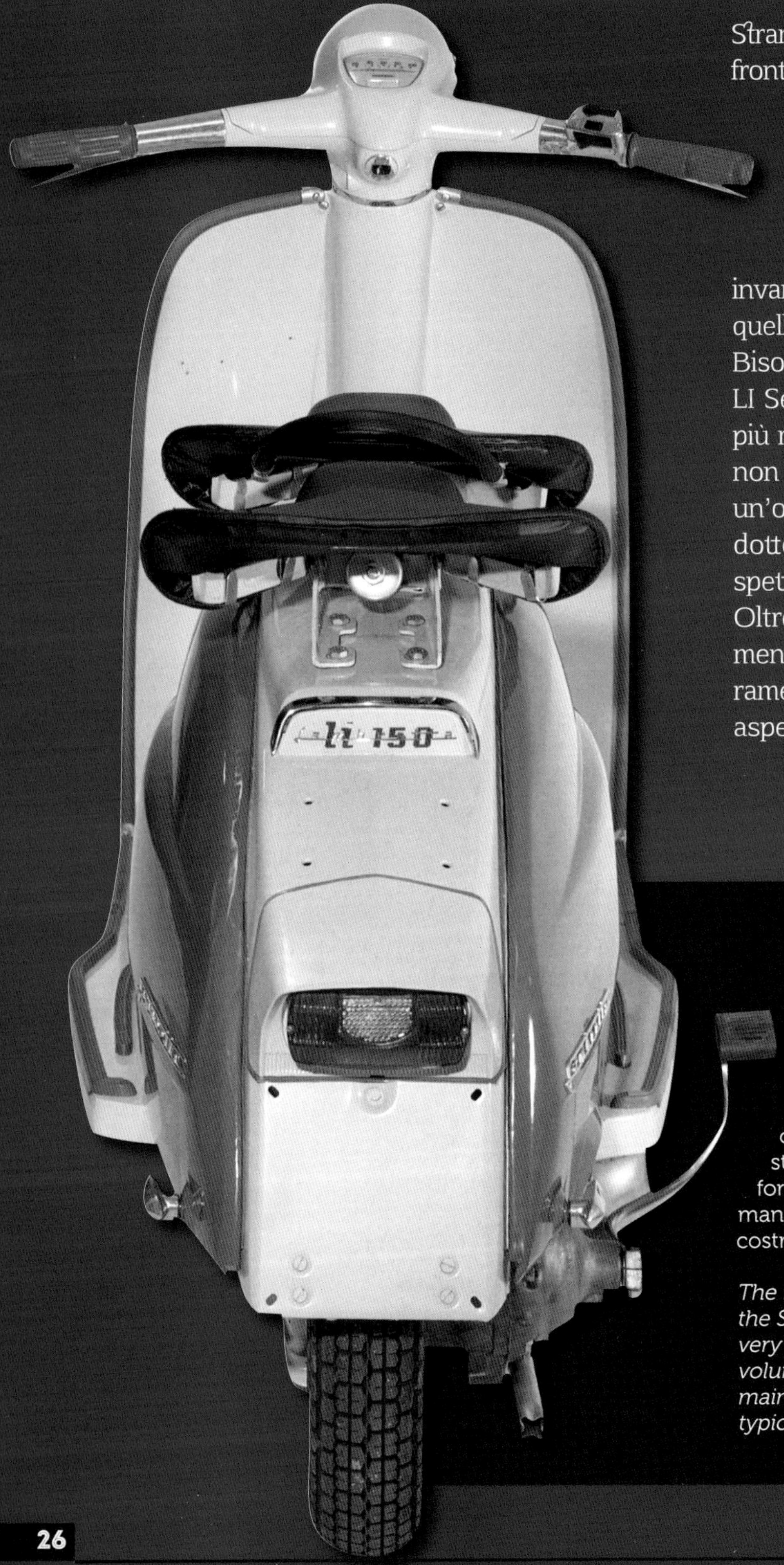

Stranamente, però, per la colorazione dei cofani e del frontale si preferì mantenere alcune tinte della vecchia Seconda serie ed offrire, come un'unica tonalità nuova, l'Azzurro nuovo '62.

Pur avendo investito una ingente somma di danaro per lo sviluppo e l'industrializzazione del nuovo prodotto, la Innocenti preferì mantenere invariati i prezzo di vendita a 150.000 lire, uguale a quello della Seconda serie.

Bisogna però riconoscere, onestamente, che la 150 LI Seconda serie era sicuramente più consistente e più robusta rispetto alla Terza serie; quindi il fatto di non modificare il prezzo di vendita poteva sembrare un'ottima scelta, ma bisogna riconoscere che il prodotto era certamente più povero ed economico rispetto alla serie precedente.

Oltre le importanti novità sulla carrozzeria, ampiamente descritte nel capitolo dedicato alla 125, i miglioramenti tecnici avevano riguardato principalmente gli aspetti prestazionali della nuova Lambretta.

Dalla vista posteriore si apprezzano le forme molto contenute della Terza serie. I tecnici dalla Innocenti sono stati molto bravi nel riuscire a smagrire le abbondanti forme della Seconda serie, pur mantenendo tutte le caratteristiche costruttive tipiche della serie LI.

The rear view exalts the compact forms of the Series III. The Innocenti engineers were very successful in managing to slim down the voluminous forms of the Series II while maintaining all the engineering features typical of the LI.

Open days were organized at the various local dealers, with road tests and technical information about the major innovations introduced to the revised Innocenti scooter.
The launch was a great success with the media as the Series III really was an important development in the scooter field, its slim, sporting styling was highly innovative and was to be the point of reference for global scooter manufacturers for many years.
As was traditional, the 150 was immediately offered in the classic two-tone finish, one of the most recognisable features of Lambretta scooters with respect to the single colours of the Vespa.
Strangely, however, for the side panels and the legshield a number of the colours from the Series II were retained, with the only new colour being New Blue '62.
Despite having invested considerable financial resources in the development and industrialization of the new model, Innocenti preferred to keep the list price at 150,000 Lire, identical to that of the Series II.
It should be recognised, however, that in all honesty the 150 LI Series II was undoubtedly a more solid and robust product than the Series III; the fact that the list price was unchanged may appear to be a generous gesture on the part of the manufacturer, but it has to be said that the product was certainly less substantial and more economical than its predecessor.

Per il modello 150, più costoso rispetto alla 125, venivano montati i pneumatici Pirelli SC93 al posto dei più economici Ceat. Questa regola non era comunque assoluta e poteva essere vriata a seconda delle disponibilità delle due aziende produttrici di pneumatici.

For the 150 model, more expensive than the 125, Pirelli SC93 tyres were fitted in place of the cheaper Ceat covers. This was not an absolute rule however and could change on the basis of the availability of products from the two tyre manufacturers.

Una 150 LI con una sella sola? In effetti la 150 è sempre stata commercializzata con due selle ma, per esigenze pubblicitarie, questa foto è stata scattata per mettere i evidenza l'ampia zona posteriore che poteva essere utilizzata per applicare capienti portapacchi per uso commerciale.

A 150 LI with a single saddle? In effect, the 150 was always marketed with two saddles, but for promotional purposes this photo was taken to demonstrate the ample rear section that could be used to fit capacious luggage racks for commercial use.

Con l'adozione di un carburatore a vaschetta centrale e di una marmitta ad alto rendimento, la LI Terza serie divenne più parca nei consumi e più brillante in ripresa e accelerazione.
Il motore rimase sostanzialmente identico alla versione precedente con l'unica modifica funzionale del fermo per la leva avviamento, ora meno esposto in quanto la leva era più posizionata più vicino al motore, per ridurre l'ingombro laterale della carrozzeria.
Durante la sua produzione ricevette diversi aggiornamenti di carattere tecnico ed estetico; quelli più rilevanti sono stati: nel 1963 l'eliminazione della batteria sull'impianto elettrico, nel 1965 la rimozione dell'anello cromato sotto il manubrio e l'adozione di carrucole al manubrio in nylon ed, infine, nel 1967 la sostituzione dello stemma anteriore da scudetto a logo rettangolare.

Above, the front drum brake was the same as the one fitted to the Series II. Only towards the beginning of 1964 was it replaced with the one from the 150 Special, which was lighter in the wheel mounting area. Below, the large glove box was equipped with a lock; it was never particularly secure and was easily forced open.

Sopra, il tamburo anteriore era lo stesso montato sulla seconda serie. Solo verso l'inizio del 1964 fu sostituito da quello della 150 Special, più alleggerito nella zona di attacco del cerchio ruota. Sotto, l'ampio bauletto porta oggetti era dotato di serratura con chiave; non era certo molto sicuro perché con una lieve forzatura era possibile aprirlo.

Apart from the major changes to the bodywork, described in detail in the chapter devoted to the 125, the technical improvements principally concerned the performance aspects of the new Lambretta.
With the adoption of a central float chamber carburettor and a high efficiency exhaust, the LI Series III consumed less fuel while boasting better pick-up and acceleration.
The engine was substantially unchanged with respect to the previous version, with the only functional modification concerning the starting lever lock, which was now less exposed with the lever positioned closed to the engine to reduce the width of the bodywork.
During its production run it was subjected to diverse technical and aesthetic modifications, the most significant being the elimination in 1963 of the battery from the electrical system, the removal in 1965 of the chrome bezel below the handlebar and the adoption of nylon pulley and lastly the replacement in 1967 of the front shield badge with the rectangular logo.
For further information regarding all the modifications and variants relating to this model, please see the "Illustrated Guide to the Identification" in which all the various changes are catalogued.
With this version, Innocenti achieved a truly exception level of perfection and reliability. The engines were comfortably capable of covering 50,000 kilometres without problems, as long as the points were adjusted every 10/15,000 kilometres.
I have personally come across Lambretta 150 LIs with 80/90,000 kilometres on the clock, still in perfect working order and with their engine never opened!
The only problems that might arise concerned the transmission chain that required constant adjust at pre-established mileages. I have never actually come across a broken chain, but in the case of excessive play, the chain tensioner could break with the possible locking of the rear wheel.

Per conoscere a fondo tutte le modifiche e varianti di questo modello vi consiglio di acquistare il libro "Guida illustrata all'identificazione" dove sono catalogate tutti gli aggiornamenti di questo modello.
Con questa versione la Innocenti raggiunse un grado di perfezione e affidabilità veramente eccezionali. Erano motori in grado di superare tranquillamente i 50.000 Km senza nessun problema con l'unica accortezza di dare una regolata alle puntine ogni 10/15.000 Km.
Ho personalmente trovato Lambrette 150 LI con il tachimetro a 80/90.00 Km ancora in prefetto stato di efficienza e con il motore mai aperto!
Gli unici problemi potevano arrivare dalla catena di trasmissione, che esigeva una costante regolazione a chilometraggi prestabiliti. In effetti non mi è mai capitato di trovare una catena spezzata; però poteva succedere che, a causa dell'eccessivo gioco della catena, il tendicatena si rompesse, con il possibile bloccaggio della ruota posteriore.
Per quanto riguarda la ciclistica, la 150 LI Terza serie riprendeva interamente le misure costruttive della Seconda serie: stesso passo, stessa avancorsa, stesso sistema di sospensioni; un equilibrio perfetto che dava alla Lambretta quella bella sensazione di stabilità e sicurezza di marcia, ampiamente pubblicizzata e valorizzata in tutte le campagne promozionali Innocenti.
Forse l'aggiunta degli ammortizzatori idraulici alla forcella anteriore avrebbero certamente migliorato ulteriormente la precisione di guida; questo utile accessorio era offerto solo come opzionale, mentre sulla più costosa TV era sempre di serie.
Solo per il ricco mercato Svizzero venivano inviate le Lambretta con gli ammortizzatori supplementari già montati in fabbrica; una raffinatezza tecnica richiesta degli esigenti lambrettisti d'oltralpe.

Nella immagine laterale si vede chiaramente la voluminosa marmitta che caratterizzava la nuova LI 3. Ricordo che il terminale è sempre stato a forma di fiore e non ha mai montato il modello di forma ovale, tipico della produzione dal 1968 in avanti.

In the photo on the left you can clearly see the large silencer that characterised the new LI III. Remember that the end pipe always had a flower shape and was never fitted with the oval shape typical of the production from 1968 onwards.

Un bello scatto del famoso fotografo Zabban, per la campagna pubblicitaria del 1962.
Si dava molto risalto al fatto che lo scooter fosse un oggetto di moda e non più solo un valido aiuto per muoversi con tutta la famiglia.

A fine shot by the famous photographer Zabban for the 1962 advertising campaign. Much emphasis was given to the fact that the scooter was an fashion object and no longer just a valid means of transport for all the family.

With regards to the running gear and frame, the 150 LI Series III reprised the engineering of the Series II: the same wheelbase, the same trail, the same suspension system; a perfect equilibrium that gave the Lambretta that fine sensation of stability and solidity on the move, widely publicised and valorized in all the Innocenti promotional campaigns.
Perhaps the addition of hydraulic dampers to the front fork would have improved handling precision, but this useful modification was only offered as an option while it was always standard equipment on the more expensive TV.
Only on the wealthy Swiss market were Lambrettas offered with the factory-fitted supplementary dampers; a sophisticated technical feature requested by the demanding Lambrettisti on the other side of the Alps.

Tecnica 125-150 LI Terza serie

Come accennato nei capitoli precedenti, la nuova Lambretta Terza serie ereditava dal modello precedente la stessa struttura costruttiva, che si era dimostrata eccezionalmente valida ed affidabile su tutte le strade del mondo, dai -20° del Canada alle assolate estati del Marocco.

Quali interventi potevano ancora migliorare un progetto così perfetto?

I tecnici della Innocenti decisero, così, di concentrarsi sull'efficienza meccanica e sul miglioramento delle prestazioni.

Per ridurre ulteriormente i consumi, ma senza mortificare le prestazioni, venne adottato un nuovo carburatore della Dell'Orto, che prevedeva la vaschetta in posizione centrale e la valvola del carburatore piatta senza spillo conico.

Questa rarissima Lambretta LI 3 sezionata è stata realizzata all'interno dello stabilimento Innocenti; è verniciata in giallo, probabilmente per essere più visibile durante le fiere motociclistiche. Ne esiste una gemella, ma verniciata in rosso, esposta nel museo della tecnologia in Ungheria.

Technology 125-150 LI Series III

As mentioned in the previous chapters, the new Lambretta Series III inherited the basic engineering of the previous model which had proved to be exceptionally valid and reliable on roads throughout the world, from the -20° C of Canada to the arid summers of Morocco. What could be done to improve such an efficient design?

The Innocenti engineers therefore decided to focus on mechanical efficiency and the improvement of performance.

In order to further reduce fuel consumption without mortifying performance a new Dell'Orto carburettor was adopted with the float chamber in a central position and a flat throttle valve with no conical needle Adjustment was much easier and more intuitive with this carburettor and the flat throttle valve eliminated

This extremely rare cutaway Lambretta LI Series III was made by the Innocenti factory; it is finished in yellow, probably to more eye-catching during the motorcycle shows. A twin exists, but finished in red, on show at the Museum of Technology in Hungary.

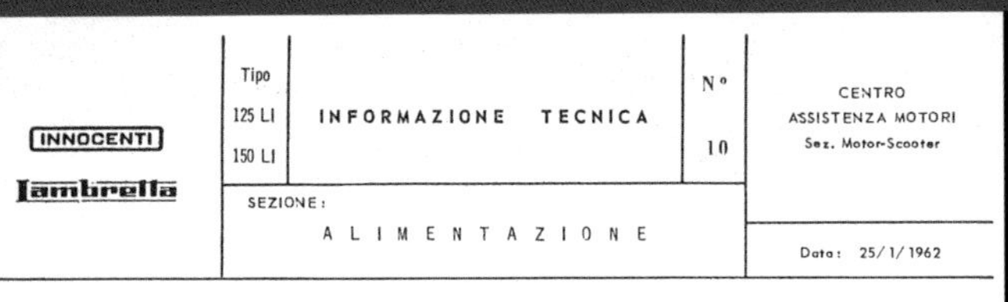
INNOCENTI Lambretta

Tipo 125 LI 150 LI — INFORMAZIONE TECNICA — N° 10 — CENTRO ASSISTENZA MOTORI Sez. Motor-Scooter

SEZIONE: A L I M E N T A Z I O N E — Data: 25/1/1962

– i tre getti sono facilmente accessibili per eventuale pulizia con aria compressa e sono stati riuniti nella vaschetta inferiore, come illustrato nelle figure sottostanti.

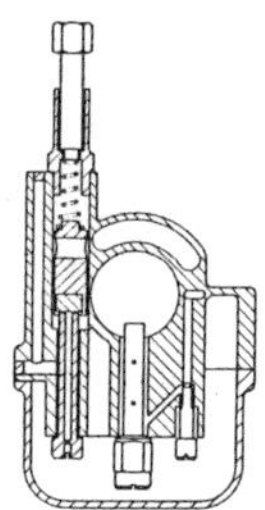

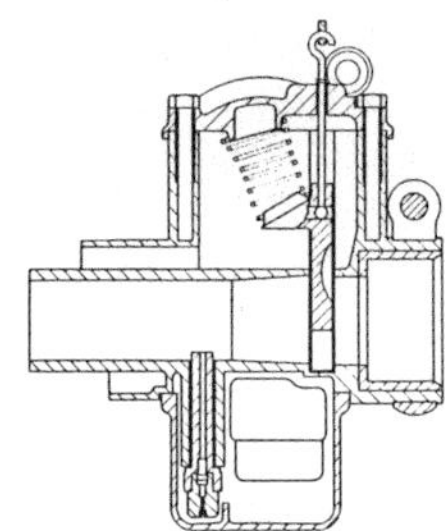

Per un perfetto funzionamento del nuovo carburatore è consigliabile che non vengano alterate le caratteristiche dei particolari ad esso strettamente connessi come la bocchetta di aspirazione aria, il filtro, il tubo e la marmitta di scarico.

INNOCENTI Lambretta

Tipo 125 LI 150 LI — INFORMAZIONE TECNICA — N° 10 — CENTRO ASSISTENZA MOTORI Sez. Motor-Scooter

SEZIONE: A L I M E N T A Z I O N E — Data: 25/1/1962

NUOVO CARBURATORE SH 1/18

E' stato introdotto nella nuova produzione di serie della Lambretta da 125 e 150 cc, un nuovo tipo di carburatore Dell'Orto della Serie SH e precisamente il modello SH 1/18.

Le figure rappresentate illustrano il vecchio ed il nuovo modello di carburatore.

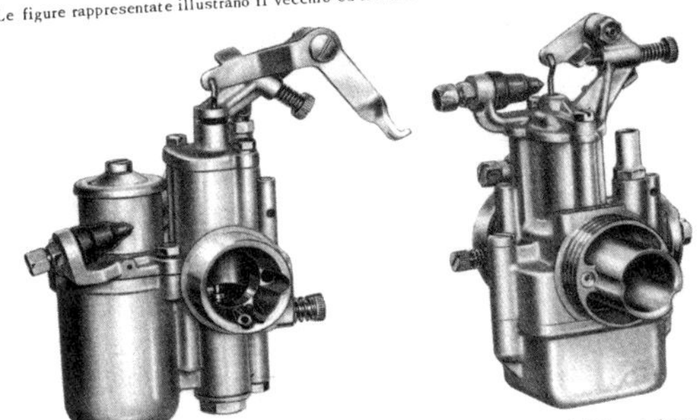

Questo nuovo modello si differenzia dal tipo precedente per le caratteristiche qui riportate:

- la valvola è costituita da una saracinesca piana nella quale è ricavata una nicchia che permette l'automaticità del carburatore; detta nicchia è stata dimensionata in base alla cilindrata dei vari tipi. Lo spillo conico del tipo precedente è stato eliminato e con ciò vengono ad essere evitati gli inconvenienti derivanti dall'usura di esso;
- il galleggiante è posto sotto la camera di miscelazione ed agisce con moltiplicazione di sforzi assicurando una migliore tenuta dell'astina conica che è munita all'estremità di una punta in gomma;
- il minimo e lo starter sono indipendenti dalla regolazione del getto principale. Avvitando la vite di regolazione del minimo la miscela diventa più povera; detta regolazione non influisce sulla miscelazione del getto principale;
- l'apertura e la chiusura dello starter vengono realizzate come nel tipo precedente e cioè mediante il movimento di un pistoncino comandato da chiavetta esterna; è bene **assicurarsi che a starter chiuso il pistoncino sia a fine corsa ed il filo di comando dello starter non sia in tensione, mentre a starter aperto il pistoncino resti sollevato di circa 5÷6 mm;**

- 1 -

Una delle grandi novità della LI 3 era l'adozione del nuovissimo carburatore Dell'Orto tipo SH con vaschetta centrale e valvola piatta senza lo spillo conico.
Una innovazione importantissima perché regalava alla Lambretta un'efficienza e un rendimento ai vertici della categoria.

One of the great novelties of the LI III was the adoption of the new Dell'Orto SH-type carburettor with a central float chamber and a flat valve without the conical needle. This was a very important innovation as it gave the Lambretta efficiency and performance at the top of its category.

Con questo carburatore le regolazioni erano molto più semplici ed intuitive e con la valvola piatta veniva eliminato il fastidioso sfarfallio tipico delle valvole tonde quando pendevano giuoco. La vaschetta centrale garantiva un più stabile livello della miscela con il conseguente miglioramento della carburazione anche nelle pieghe più audaci in curva.
Per la misura del diffusore si preferì unificarla a 18 mm per entrambe le cilindrate, mentre per i getti principali vennero montate misure diverse: per la 125 getto max 98 e min. 42, per la 150 getto max 105 e min.45.
L'aumento dei getti rispetto alla Seconda serie si rese necessario in quanto l'impianto di aspirazione della Terza serie aveva la presa d'aria più ampia per far entrare più aria e migliorare quindi le prestazioni.
L'altro organo meccanico che subì le modifiche più importanti fu la marmitta. In questo caso si progettò un silenziatore di grande volume per ridurre il rumore di scarico e, nello stesso tempo, migliorare le prestazioni del motore.
Era una marmitta molto voluminosa, al limite dello spazio consentito sotto la carrozzeria, ed era facilmente soggetta ad urti e danneggiamenti quando si

the irritating fluttering typical of the round valves with excessive play. The central float chamber guaranteed a more stable fuel mixture level and a consequent improvement in carburetion even when leaning hard through corners.
It was decided to unify the diffuser dimension at 18 mm for both displacements, while different main jets were fitted: max. 98 and min 42 for the 125. It was decided to unify the diffuser dimension at 18 mm for both displacements, while different main jets were fitted: max. 98 and min 42 for the 125 and max. 105 and min. 45 for the 150.
The increase in the size of the jets with respect to the Series II was necessary as the induction system of the Series III had a larger intake to allow for more air and a consequent improvement in performance.
The other component on the mechanical side that was subjected to major modifications was the exhaust. In this case, a very large silencer was designed in order to reduce exhaust noise while at the same time improving the performance of the engine. It was a large element, using all the space available under the bodywork and was easily dented and damaged when bumping down the highest kerbs.
The rest of the mechanical specification was practically identical to the preceding versions: duplex chain transmission, four-speed gearbox, multiple plate oil-bath clutch and a four-pole, six-volt flywheel magneto. It is worth looking at this last component to explain how it worked and the successive variants.

Schema comparativo degli impianti di scarico della LI2 e LI3 dove si può notare l'importante incremento di volume della nuova marmitta e la riduzione di paratie al suo interno; con queste semplici modifiche si erano sensibilmente migliorate le prestazioni sia in accelerazione che in velocità assoluta.

A comparative diagram of the exhaust systems of the LI Series II and the Series III showing the significant increase in size of the new silencer and the reduction of baffles inside it; with these simple modifications acceleration and top speed were notably improved acceleration and top speed.

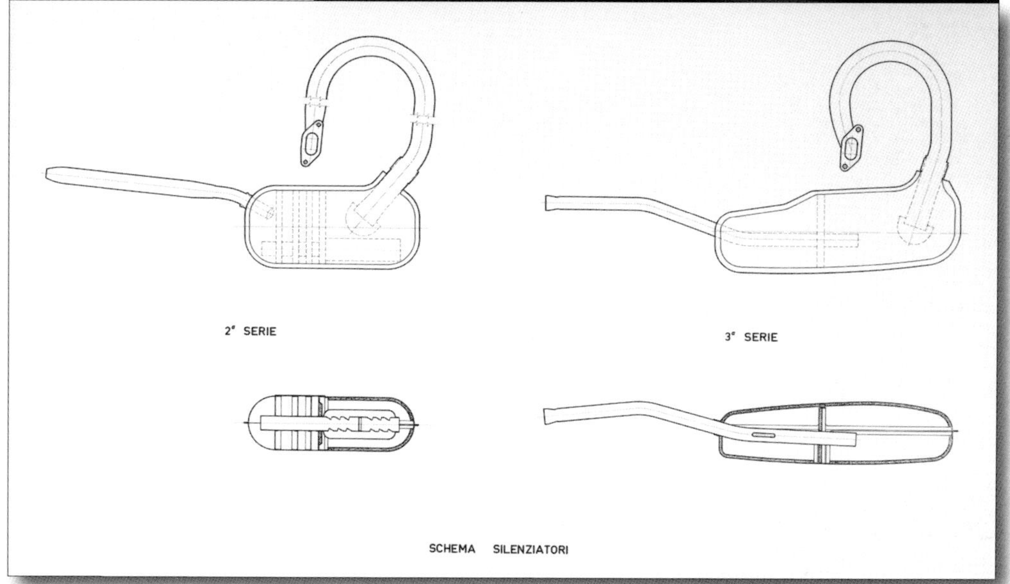

scendeva allegramente dai marciapiedi più alti.
Il resto della meccanica era rimasto praticamente identico alle versioni precedenti: trasmissione a catena duplex, cambio a 4 merce, frizione a dischi multipli in bagno d'olio e volano magnete a 4 poli a 6 volt. E su quest'ultimo particolare occorre soffermarsi un poco per spiegare il suo funzionamento e le varianti successive.
Lo schema dell'impianto elettrico della LI Terza serie 1962 era identico a quella della LI Seconda serie.
125 LI: volano magnete a 4 poli, generalmente Filso e raramente Dansi o Ducati, con una bobina che alimentava l'impianto elettrico (cavo marrone) e con un'altra bobina che alimentava la bobina di alta tensione esterna (cavo verde) e la luce dello stop (cavo rosso). Ed è questa bobina interna che ha sempre creato difficoltà durante i lavori di manutenzione.
In pratica per far funzionare la luce dello stop si era utilizzato la massa della bobina che alimentava la bobina alta tensione esterna. Quindi il cavo rosso (massa bobina interna) usciva dal volano e si sdoppiava andando sia all'interruttore dello stop che alla luce posteriore. Quando il pedale del freno era a riposo il cavo rosso andava a massa tramite l'interruttore dello stop; quando si azionava il pedale, la massa andava al fanalino posteriore accendendo la luce dello stop.

Schema elettrico della 125 LI nella sua prima versione con l'interruttore stop ad un polo e il gruppo volano a due bobine, identico alla 125 LI Seconda serie.

The electrical diagram of the first version of the single-pole stop light switch and the two-coil flywheel, identical to that of the 125 LI Series II.

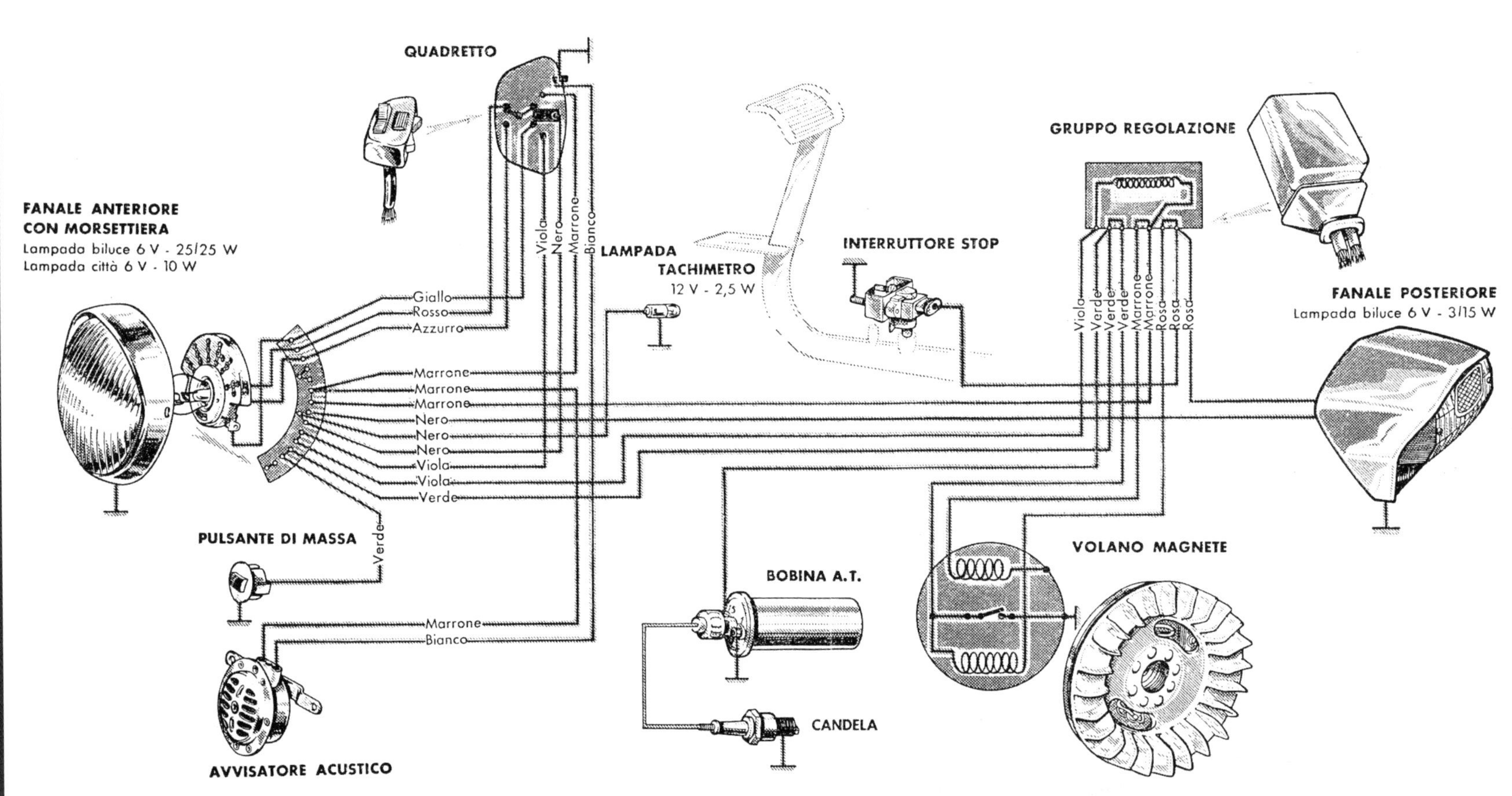

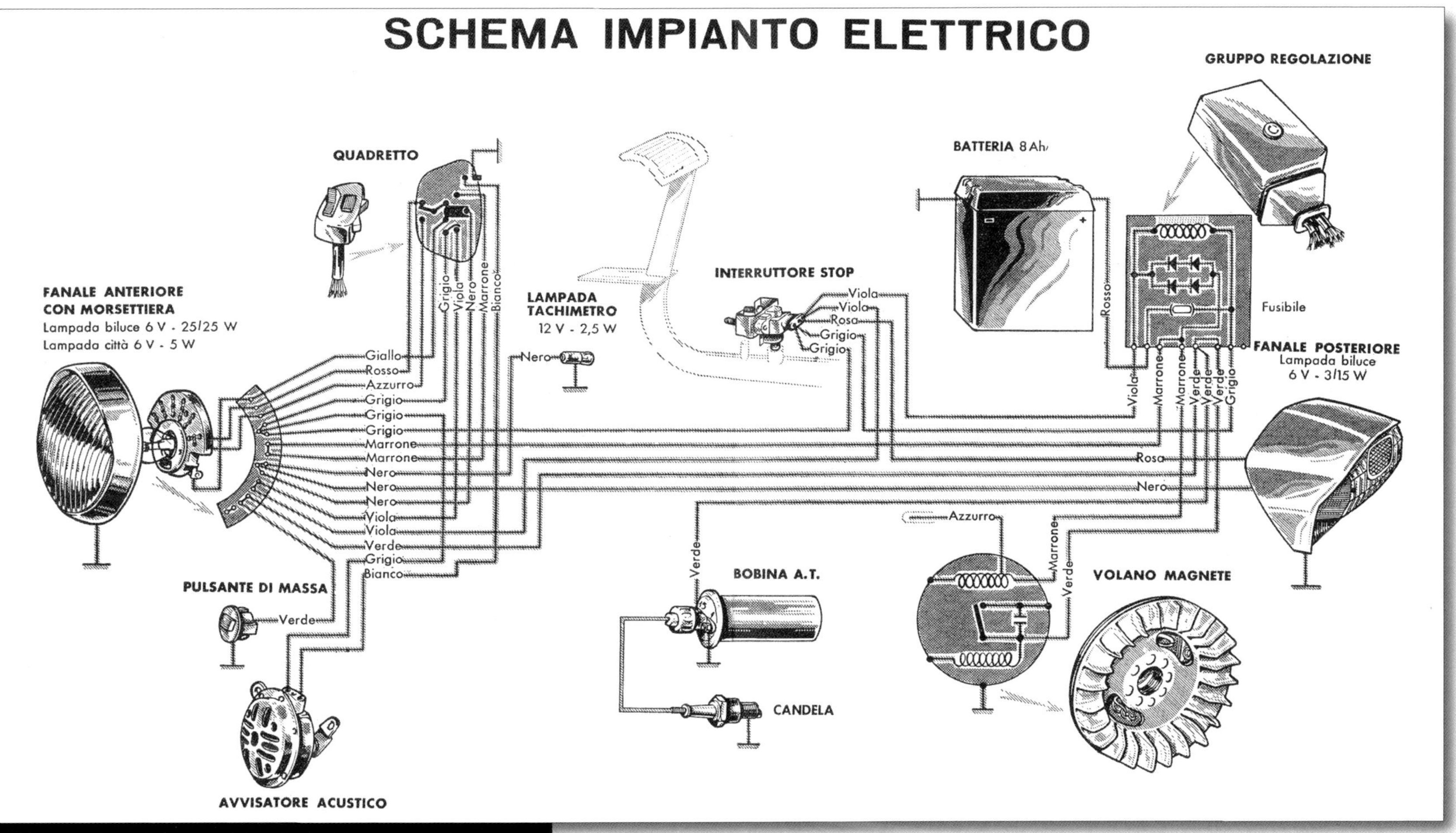

Il complesso impianto della 150 LI3 prima versione con l'interruttore stop a tre poli.
Con questo tipo di impianto la luce stop, nel caso la batteria si fosse scaricata, poteva comunque funzionare, alimentata direttamente dal volano magnete.

The complex system of the first version of the 150 KI Series III with the three-pole stop light switch. With this type of system, should the battery be discharged, the stop light would continue to work with current fed directly from the flywheel magneto.

The electrical system of the LI Series III from 1962 was identical to that of the LI Series II:
125 LI: four-pole flywheel magneto, generally Filso, rarely Dansi or Ducati, with a coil feeding current to the system (brown wire) and another coil feeding the external HT coil (green wire) and the brake light (red wire). It is this internal coil that has always caused problems during maintenance work.
In practice, the brake light current came from the earth wire of the coil feeding the external HT coil. The red wire (internal coil earth) therefore exited the flywheel and split, leading to both the brake light switch and the rear light.
When the brake pedal was inactive the red wire was grounded via the brake light switch; when the pedal was depressed, the current went to the rear brake light. The system was simple enough but had a serious defect: should the brake light bulb fail the engine would stop when the rear brake was actuated because the coil was no longer grounded.

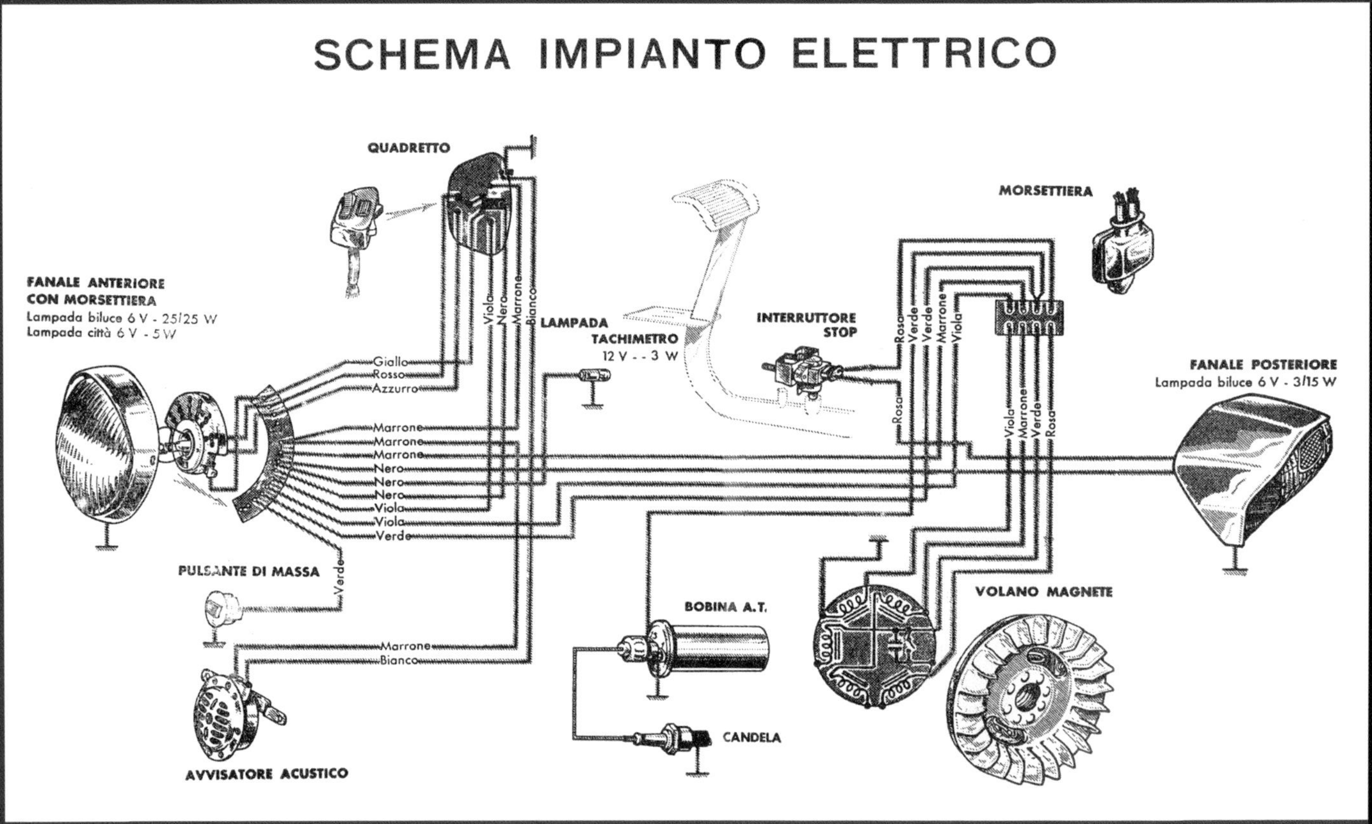

SCHEMA IMPIANTO ELETTRICO

Con l'introduzione del nuovo volano magnete a sei poli (cinque bobine), ogni servizio elettrico era alimentato da una bobina specifica. Con questo tipo di impianto non era più necessario l'induttanza per ridurre l'intensità della corrente per non far bruciare le lampadine di posizione. Da questo momento le 125/150 LI montavano solo una piccola morsettiera sul lato sinistro di forma rettangolare e, successivamente, di forma rotonda.

With the introduction of the new six-pole flywheel magneto (five coils), every electrical component was powered by a specific coil. With this type of system there was no longer any need for inductance to reduce the current and avoid burning out the running lights. From this point on, the 125/150 LI models were fitted with a small terminal block on the left-hand side, initially rectangular and subsequently round.

Un sistema semplice che però aveva un grave difetto: se si bruciava la lampadina dello stop e si azionava il freno posteriore, il motore si fermava perché mancava la massa alla bobina.

È bene ricordarsi, dunque, che se si vuol far partire la Lambretta senza aver montato l'impianto elettrico, bisogna assolutamente mettere a massa il filo rosso e chiaramente collegare il filo verde alla bobina esterna.

150 LI: volano magnete a 4 poli di produzione Dansi o Ducati e raramente Filso con particolari non intercambiabili. In questo caso l'impianto prevedeva la batteria per stabilizzare la corrente che serviva per far funzionare il claxon, la luce dello stop e le luci di posizione. Le luci abbagliante e anabbagliante erano invece alimentate direttamente dal volano magnete.

La batteria ,quindi, NON serviva per migliorare le luci di profondità ma solo per alimentare i servizi minori e non far bruciare le lampadine di posizione dagli sbalzi di tensione.

Nel 1963 venne introdotto, per entrambi i modelli, un nuovo volano magnete (brevetto Ducati) a 6 poli e 5 bobine.

In questo innovativo impianto elettrico ogni servizio era servito da una bobina specifica, calibrata per il tipo di potenza richiesta.

Nella 125 questo tipo di impianto rimarrà identico per tutta la produzione; nella 150, invece, all'inizio verrà montato con l'ausilio della batteria, fino al numero di telaio 651891 e poi, successivamente, la batteria verrà eliminata e tutto l'impianto funzionerà in corrente alternata, come per la 125.

Quest'ultimo tipo di volano, di brevetto Ducati, era prodotto anche dalla Dansi e dalla Filso su licenza; le puntine e il condensatore erano comunque intercambiabili tra le varie marche.

It would be as well to remember therefore that if you want to start your Lambretta without having fitted the electric system, you must ground the red wire and naturally connect the green wire to the external coil.
150 LI: four-pole flywheel magneto made by Dansi or Ducati, more rarely Filso with non-interchangeable components. In this case the system featured a battery to stabilize the current that served for the horn, the brake light and the running lights. The dipped and main beam headlight was instead fed directly from the flywheel magneto.
The battery, therefore, did NOT serve to improve the headlight efficiency but simply to feed the minor circuits and to avoid burning out the running light bulbs due to current surges.
In 1963 a new flywheel magneto (Ducati patent) with six poles and five coils was introduced for both models. In this innovative electrical system, every circuit was supplied by a separate coil, calibrated for the type of power required.
On the 125 this system was to remain unchanged through to the end of the production run; on the 150 instead, initially an auxiliary batter was fitted through to chassis number 651891, but subsequently the battery was eliminated and the entire system used alternating current as on the 125.
This last type of flywheel magneto, patented by Ducati, was also produced by Dansi and Filso under license; the points and the condenser were however interchangeable between the different makes.
Another important component to which particular attention has to be paid is the crankshaft as towards the end of 1965, Innocenti modified the con-rod guide system.

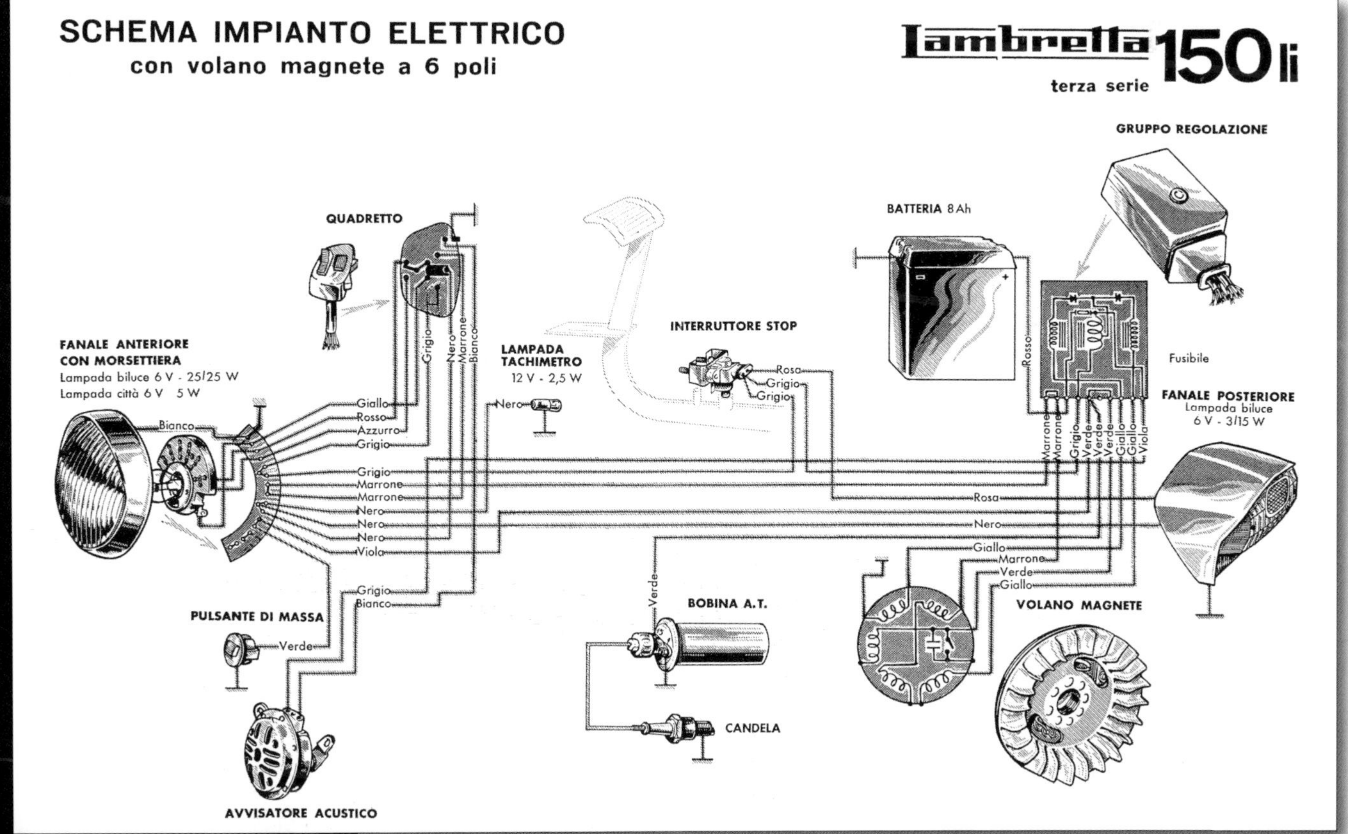

Questo impianto di transizione è stato adottato in un brevissimo periodo e solo pochi esemplari sono stati prodotti con questo sistema. Il gruppo volano è già del tipo a sei poli ma è ancora montata la batteria per stabilizzare la corrente e far funzionare alcuni servizi a motore spento.

This transitional system was adopted for a very brief period and only a few examples were produced in this configuration.
The flywheel assembly was already the six-pole type but it had yet to be fitted with a battery to stabilize the current and power certain circuits with the engine off.

A destra, l'informativa originale della Innocenti che avvisava l'introduzione delle ranelle di centraggio al piede di biella. In questo caso il pistone aveva la parti interne lavorate per poter appoggiare le ranelle di rasamento.

Un altro importante organo a cui bisogna fare molta attenzione è l'albero motore, perché verso la fine del 1965 la Innocenti modificò il sistema di guida della biella.
Fino a quel momento la biella era guidata dall'albero motore mentre allo spinotto del pistone era previsto il tradizionale gioco assiale; la modifica della Innocenti prevedeva, invece, che la biella fosse guidata dal pistone con ranelle di rasamento calibrate e che all'albero motore fosse incrementato il gioco assiale per migliorare la lubrificazione della biella.
Un idea certamente interessante ma poco pratica e poco comune: in effetti questo sistema non ha poi avuto seguito nella tradizionale produzione motociclistica italiana.

Durante i lavori di manutenzione bisogna assolutamente ricordarsi che le due ranelle al pistone vanno montate SOLO ed esclusivamente se la biella ha un gioco assiale all'albero di circa 1,3 mm; Se il gioco è di 0,1/0,2 mm non è necessario montarle, perché potrebbe esserci il rischio di una usura precoce dei cuscinetti a rulli della biella.

INNOCENTI Lambretta | Tipo: per tutti i tipi | INFORMAZIONE TECNICA | N° 32 | SERVIZIO TECNICO ASSISTENZA Sez. Scooter

SEZIONE: MOTORE | Data: 3/2/1966

ALBERO MOTORE, PISTONE E CILINDRO

In seguito alla modifica apportata al gruppo cilindro-pistone-albero motore, consistente essenzialmente all'aggiunta di due rondelle di rasamento pistone-piede di biella, sulle LAMBRETTA e LAMBRO, si segnala che è stata alterata l'intercambiabilità fra i nuovi gruppi e quelli precedenti alla modifica (vedere Informazioni di Modifica n° M/101 e M/102).

Il nuovo pistone si distingue da quello pre-modifica per le seguenti caratteristiche:

Pistone pre-modifica

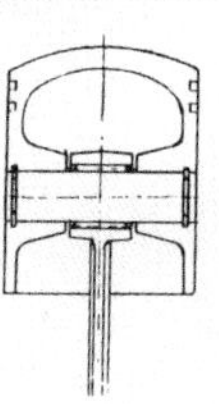

Pistone post-modifica

1
2
3

1) Quadratino sul cielo
2) Due rondelle di rasamento fra i piani piede di biella e i piani del mozzetto pistone
3) Piani interni dei mozzetti per spinotto lavorati.

Condizioni di montaggio

Il vecchio pistone si monta sempre senza rondelle e solamente su alberi motore precedenti la modifica.
Non può essere montato sui nuovi alberi motore.

Il nuovo pistone può essere montato sugli alberi motore post-modifica, impiegando le rondelle di rasamento.
Inoltre può essere montato, **senza le rondelle**, sui vecchi alberi motore.

I nuovi pistoni sono stati introdotti in produzione, in un primo tempo, anche con alberi motore pre-modifica, naturalmente senza le due rondelle di rasamento.

Per quanto riguarda la telaistica, le nuove LI Terza serie ripresero integralmente il concetto strutturale della Seconda serie; la modifica più evidente era la carrozzeria più slanciata e aerodinamica che, se da una parte migliorava notevolmente lo stile della Lambretta, dall'altra riduceva sensibilmente l'abitabilità e la protezione dagli agenti atmosferici.
Fu un scelta dettata dalle nuove domande del mercato, che non richiedevano più uno scooter per tutta la famiglia ma un mezzo di trasporto sportivo ed elegante per distinguersi nel traffico cittadino e ridurre i tempi di trasporto.
Freni, ruote e ammortizzatori rimasero praticamente invariati, segno della assoluta affidabilità di questi importanti organi meccanici, mentre il manubrio venne completamente ridisegnato, riducendo i volumi, la larghezza totale e adottando un nuovo tachimetro di forma trapezoidale, che rimarrà praticamente invariato fino alla fine della produzione nel 1971.

Right, Innocenti's original circular announcing the introduction of centring washers at the foot of the con-rod. In this case the piston had internal parts machined to permit the addition of clearance shims.

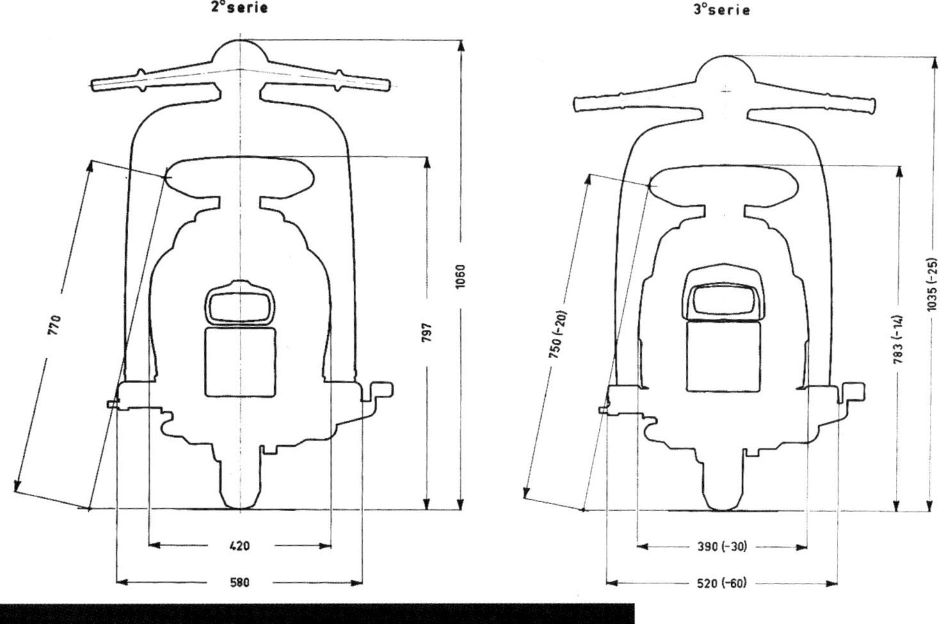

Un interessante schema comparativo dei volumi della carrozzeria della LI Seconda, confrontate con quelle della nuova LI Terza. Le differenze erano notevoli, se consideriamo che la base interna era rimasta praticamente la stessa.

An interesting comparative diagram of the bodywork volumes of the LI Series II and those of the new LI Series III. The differences were notable, if we consider that internal base had remained practically unchanged.

Until then the con-rod had been guided by the crankshaft while the piston pin had the traditional axial play; Innocenti's modification instead involved the con-rod being guided by the piston with calibrated spacers, with the axial play of the crankshaft being increased to improve lubrication of the con-rod. While the idea was certainly interesting it was rather impractical and unusual: in effect, the system was never taken up by the traditional Italian motorcycle and scooter manufacturers.

During maintenance work, you should always remember that the two spacers on the piston are ONLY and exclusively to be fitted in the con-rod has an axial play with respect to the crankshaft of around 1.3 mm ; if the play is of 0.1/0.2 mm they are unnecessary and could cause precocious wear of the con-rod roller bearings.

With regard to the frames, the new Series III LI models adopted the structural engineering of the Series II; the most notable modification concerned the sleeker, more aerodynamic bodywork that while on the one hand notably improved the styling of the Lambretta, on the other significantly reduced comfort and protection from wind and rain.

This was a choice dictated by new market demands; a single scooter for the whole family was no longer required but rather a sporting, elegant means of transport that would allow you to stand out in urban traffic and reduce travelling times.

Brakes, wheels and dampers were virtually unchanged, a sign of the absolute reliability of these fundamental mechanical components; the handlebar was instead completely redesigned, reducing its bulk and overall width and adopting a new trapezoidal speedometer, which was to remain virtually unchanged through to the end of production in 1971.

Pubblicità 125 150 LI Terza serie

Per la promozione commerciale della nuova Lambretta LI Terza serie si mantenne lo stile già adottato per la Seconda serie: lo scooter non era più un mezzo di trasporto economico per recarsi al lavoro o per portare in giro tutta la famiglia, ma era diventato un nuovo oggetto di svago, giovane e alla moda.

Le pubblicità enfatizzavano gli aspetti più divertenti dello scooter: il desiderio di evadere dalla città, in compagnia della propria ragazza, l'uso sportivo e agonistico, lo spirito moderno ed elegante.

Testimonial di eccezione per questa importante campagna promozionale fu la famosa attrice americana Jayne Mansfield, molto popolare in quel periodo, soprattutto per le generose dimensioni del suo petto!

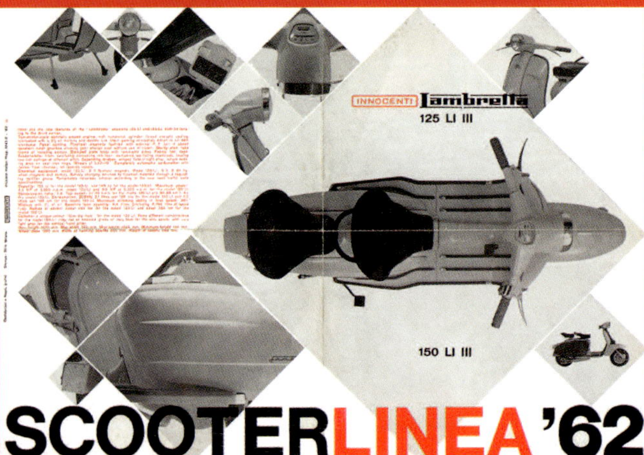

LET YOURSELF GO ON A Lambretta

Advertising 125 150 LI Series III

Innocenti maintained the same style adopted for the Series II in the commercial promotion of the new Lambretta LI Series II: the scooter was no longer a means of transport for travelling to work or carrying the whole family around, but had become a new and fashionable object of desire for the young.

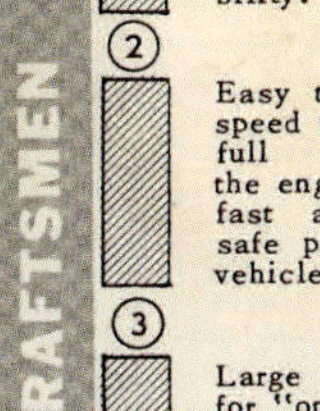

Sopra, una bella pagina pubblicitaria per il mercato nordamericano, dove i vari modelli Lambretta venivano presentati con soprannomi particolarmente inconsueti per i mercati europei. Inoltre, nella 125 erano offerti come accessori il tachimetro e la sella posteriore quando sul mercato italiano erano normalmente di serie.

Above, a fine double page advertisement for the North American market, where the various Lambretta models were presented with various additional names that were particularly unusual to European ears. Moreover, on the 125 the speedometer and the rear saddle for example were offered as accessories when on the Italian market they were normally standard.

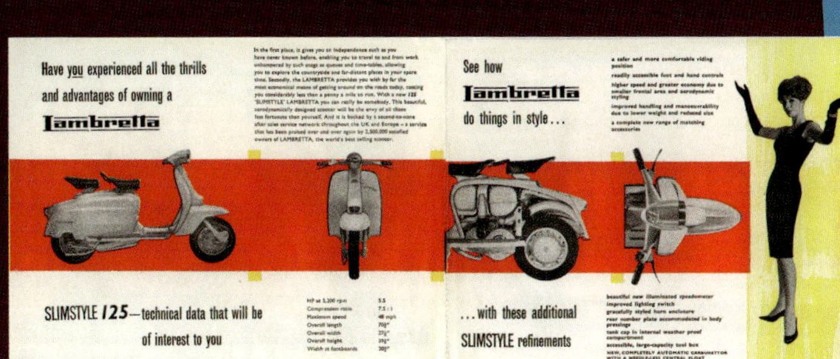

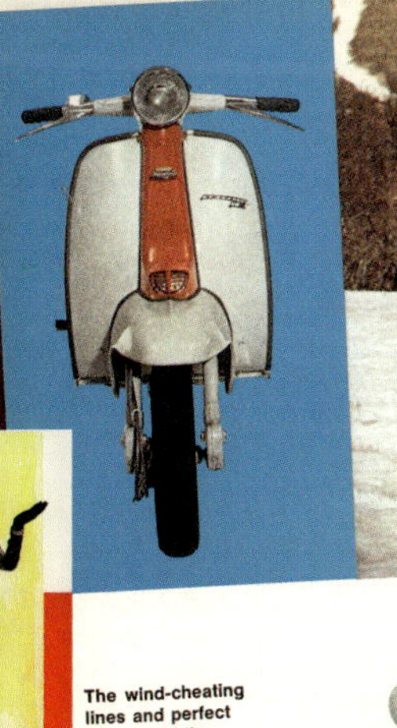

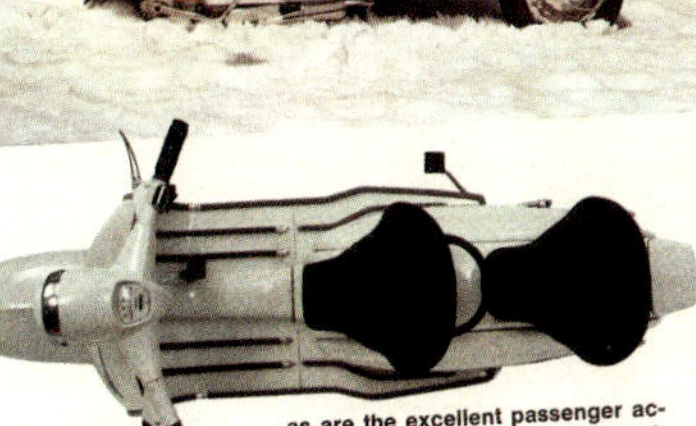

Lambretta INNOCENTI

150 li

Dit is 'm dan! De LAMBRETTA 150 LI, alweer een uitstekend produkt van de INNOCENTI fabrieken. Ook de LAMBRETTA scooter heeft een centraal geplaatste motor en is daardoor bijzonder stabiel. Hij is sterk en garandeert dus een lange levensduur. Hij is sierlijk van lijn en verbruikt weinig, kortom, de 150 LI heeft alle goede eigenschappen van een uitstekende scooter in zich verenigd.

De 150 LI telt duizenden „fans" over de gehele wereld en men heeft hem beproefd en getest op alle soorten wegen en onder alle klimatologische omstandigheden.

Of u nu een ritje naar buiten gaat maken of door het woelige stadsverkeer naar uw werk gaat, de LAMBRETTA 150 LI brengt u overal en hij zal u nooit in de steek laten! Trouwens, niet alleen in Nederland maar ook over de gehele wereld staan de LAMBRETTA dealers altijd voor u klaar.
Heeft u al een proefrit gemaakt met deze ideale scooter? U zult dan direkt de vering, de wegligging en de komfortabele „zit" bewonderen en u zult hem willen bezitten! Zoek dus niet langer.

KIES LAMBRETTA

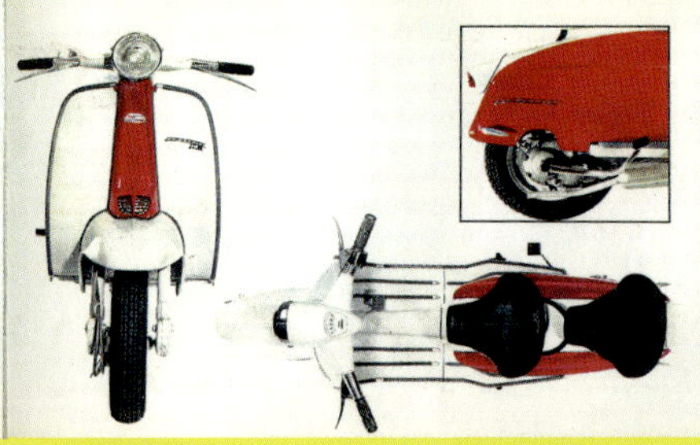

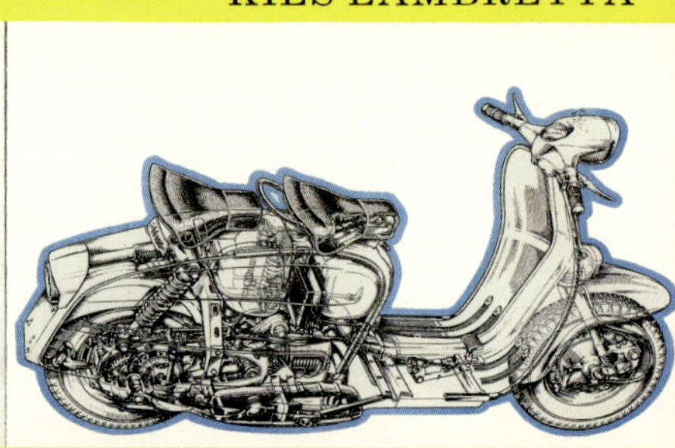

EEN GOEDE KEUS EN ZO ZUINIG . . . !

Below, a curvaceous Jayne, dressed in glittering gold clothing, baptises the new 150 LI Series III with classic two-tone paintwork that immediately distinguished the scooters produced at Lambrate from the Vespas of Pontedera.

Ma non mancarono anche le nostre belle ragazze italiane, come Barbara Nelli, Graziella Granata, Tina di Pietro e Anna Maria Ubaldi.
Con lo slogan "Scooterlinea '62" si dava un grande risalto alla rinnovata linea della Lambretta, ora decisamente più filante e aggressiva. Concetti costruttivi così moderni che saranno il punto di riferimento per tutta la produzione scooteristica internazionale degli anni Sessanta.
Vennero stampate brochure in tutte le lingue del mondo, la loro diffusione fu capillare e sempre concentrata presso i commissionari e presso le oltre 6.000 officine autorizzate.
Sebbene il nome ufficiale fosse "Lambretta LI Terza serie", in alcuni Paesi si preferì aggiungere un soprannome per meglio identificare il modello e la sua cilindrata; per esempio in Svezia la 125 fu denominata "Napoli" e la 150 "Milano" mentre in USA la 125 venne soprannominata "About Town" e la 150 "Commuter's".
Si può notare che in diverse brochure è spesso messa in risalto la foto dall'alto. Da questa angolazione era possibile apprezzare ancor più la linea stretta e areodinamica della nuova Terza serie, che era decisamente più filante della sua concorrente Vespa, che nel 1962

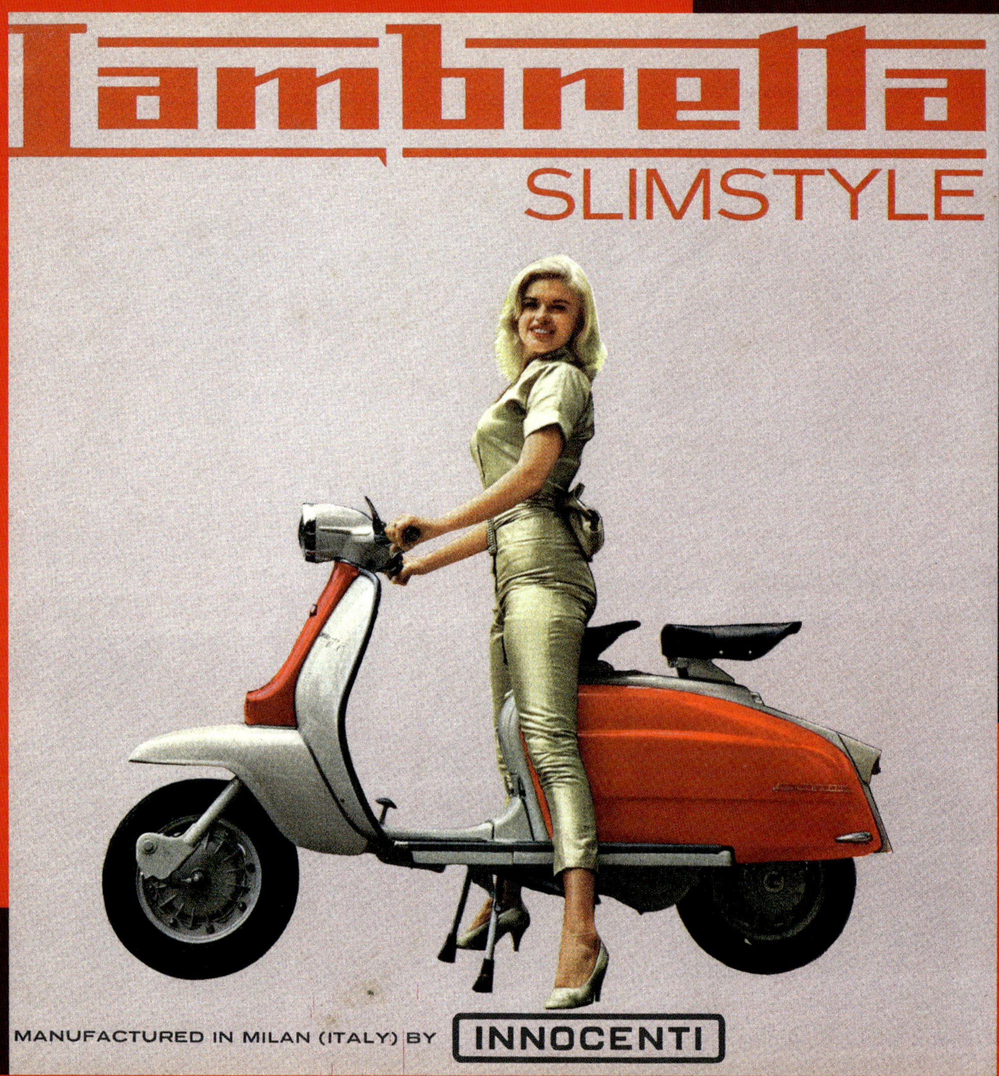

A fianco, una prorompente Jayne, vestita in uno scintillante abbigliamento dorato, tiene a battesimo la nuova 150 LI Terza serie nella classica verniciatura bicolore che distingueva immediatamente la produzione scooteristica di Lambrate dalla Vespa di Pontedera.

Nel 1959 era entrato in vigore il nuovo Codice della Strada che prevedeva l'uso dei motoveicoli fino a 125 cc ai sedicenni muniti di patente. Ed è a questi ragazzi che si rivolge la campagna pubblicitari della 125 LI: "A sedici anni ci vuole una Lambretta".

A new Highway Code came into force in 1959 that permitted sixteen-year-olds with a license to use motor vehicles of up to 125 cc. The advertising campaign for the 125 LI was aimed at this group: "At sixteen what you need is a Lambretta".

Lambretta
INNOCENTI
125 li

cilindrata 125 cc - potenza max. 5,5 CV - consumo litri 2,1/100 km - velocità max 79 km/h - cambio a 4 marce - motore centrale - miscela 2%

GREAT MAGGI SOUP CONTEST
63 SLIM STYLE
Lambrettas
to be won before EASTER
ALSO 1,000 Grocery Vouchers worth 21/-

Advertisements emphasised the most fun aspects of the scooter: the desire to escape from the city, in the company of one's sweetheart, sport and competition, the modern, elegant spirit.
An exceptional face for this all-important promotional campaign was the famous American actress Jayne Mansfield, who was very popular in that period, thanks above all to her generous curves!
There were also numerous attractive Italian girls such as Barbara Nelli, Graziella Granata, Tina di Pietro and Anna Maria Ubaldi.
The "Scooterlinea '62" and "Slimstyle 1962" slogans brought great visibility to the renewed Lambretta styling, now much sleeker and more aggressive. Engineering features were so modern that they would be points of reference for international scooter production throughout the Sixties.
Brochures were printed in all the languages of the world and were widely distributed by dealers and the more than 6,000 authorised workshops.
Although the official name was the "Lambretta LI Series III", in some countries the firm preferred to add a nickname to better identify the model and its displacement: for example, in Sweden the 125 was known as the "Napoli" and the 150 the "Milano", while in the USA the 125 was nicknamed the "About Town" and the 150 was the "Commuter's".
It can be seen that in various brochures the overhead view was frequently emphasised. This view allowed

Due belle ragazze posano per il calendario 1963 della Lambretta. Questo calendario era stato prodotto in due diverse misure: una grande da parete e una piccola tascabile con le immagini ripiegate una sull'altra. Ora sono diventati due preziosi pezzi da collezione.

Two attractive girls pose for the 1963 Lambretta calendar. This calendar was produced in two different sizes, a large one for the wall and a small pocket version with the photos folded onto one another. Now they have become valuable collector's items.

aveva ancora in listino un modello vecchio e antiquato. È stato sicuramente il periodo più roseo per la Innocenti, i numeri di produzione avevano raggiunto cifre da capogiro e i suoi diretti concorrenti non erano stati capaci di proporre dei veicoli che potessero competere con le qualità tecniche-estetiche della Lambretta LI Terza serie.

Per il mercato svedese la innocenti aveva preferito dare un nome che ricordasse con forza l'identità Italiana della Lambretta. Così per la 125 fu coniato il nome di "Napoli" e per la 150 il nome di "Milano". Entrambe due città ben conosciute dagli scooteristi del lontano nord Europa.

For the Swedish market Innocenti decided to give the model a name that reinforced the Lambretta's Italian identity. The 125 thus became the "Napoli" and the 150 the "Milano". Both were cities very familiar to the scooterists of the far north of Europe.

NAPOLI Lambretta Cabina 175 Li

125 Li specifikationer:

Cylindervolym: 123 cc
Borrning och slaglängd: 52×58 mm
Kompressionsförhållande: 7,5 : 1
Max. effekt: 5,5 HK v. 5200 r/m
Bensinförbrukning: 2,1 liter pr. 100 km
Ny automatisk Dell'Orto förgasare, nållös
Max. längd: 1800 mm
Max. bredd: 700 mm
Hjulbas: 1290 mm

125 Li

Riktpris 1.785:— ! ! !
Inkl. portföljkrok och 2 sadlar — Exkl. registreringskostnader och oms etc.

Cabina Flak — Riktpris 3.890:—
Cabina Skåp — Riktpris 4.390:—

Cylindervolym: 175 cc (62×58 mm)
Max. effekt: 7,1 HK
Bensintanken rymmer: 11,5 liter
Max. hastighet: 65 km/t
Normal bränsleförbrukning: 3,5 liter/100 km
Full bränsletank räcker ca. 275 km

LAMBRETTA CABINA är det senaste utförandet av et lätt transportfordon, som är ekonomiskt, lätt att parkera, lätt manövrerbart och bekvämt. LAMBRETTA CABINA har rymlig förarhytt och är den bästa lilla lastbil för 400 kg:s last, som man kan önska sig. Tjäna på Edra transportkostnader — andra gör det redan med LAMBRETTA CABINA — *Begär demonstration.*

150 Li specifikationer:

Cylindervolym: 148 cc
Borrning och slaglängd: 57×58 mm
Kompressionsförhållande: 7,5 : 1
Max. effekt: 6,6 HK v. 5300 r/m
Max. hastighet: ca. 90 km/t
Bensinförbrukning: 2,2 liter pr. 100 km
Ny automatisk Dell' Orto förgasare, nålløs
Max. längd: 1800 mm
Max. bredd: 700 mm
Hjulbas: 1290 mm

1. Nytt aerodynamiskt karosseri i modern italiensk formgivning.
2. Lambrettas central-stålrörskonstruktion ger extra god stabilitet och komfort — även för passagerare.
3. Mittplacerad motor, som i förbindelse med den stora hjulbasen — 1290 mm — ger framstående väg- ocg kurvegenskaper.
4. Överdimensionerade bromsar med 164 cm² effektiv bromsyta, ger extra korta bromssträckor.. en av LAMBRETTAs många säkerhetsfaktorer.
5. Ultramodernt, elegant styre med indbyggd högeffektsstrålkastare, hastighetsmätare, gas- och växelhandtag.

Milano

150 Li

- Lägre
- smalare
- nya färger

Riktpris 2.125:—
Inkl. portföljkrok
Valfritt soffa eller 2 sadlar
Exkl. registreringskostnader och oms etc.

Lambretta

SCOOTER „62" LINIEN betyder ny modern italiensk formgivning, nya eleganta aerodynamiska linjer, bättre acceleration och högre topphastighet. LAMBRETTA har alla fördelar: Central-stålrörsram, aerodynamiskt karosseri, 4-växlad växellåda, som tillåter växling utan användning av frikoppling, stor hjulbas — 1290 mm — och mittplacerad motor ger oöverträffade väg- och köregenskaper, samt en kurv- och svängbalans som är enastående. LAMBRETTA är både den säkraste och mest kompakta scootern. — LAMBRETTA är liktydigt med verklig körkomfort för både förare och passagerare.

gave a particularly clear impression of the narrow, aerodynamic lines of the Series III, which was significantly sleeker than its rival Vespa, which in 1962 was still offering an ageing, antiquated model.

This was without doubt the rosiest period for Innocenti; production figures had reached dizzying heights and the firm's direct rivals had proved incapable of offering vehicles that could compete with the technical and stylistic qualities of the Lambretta LI Series III.

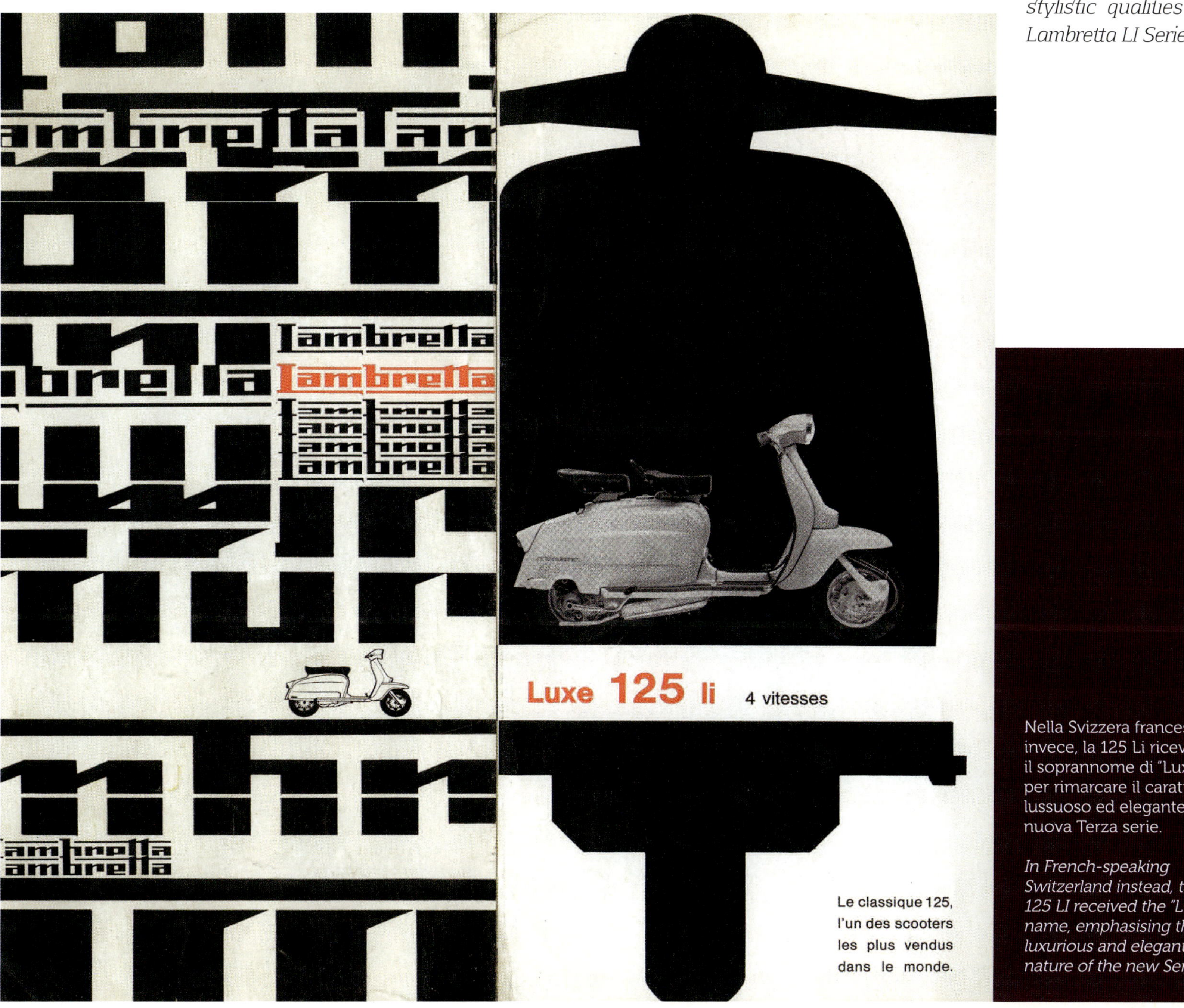

Nella Svizzera francese, invece, la 125 Li ricevette il soprannome di "Luxe", per rimarcare il carattere lussuoso ed elegante della nuova Terza serie.

In French-speaking Switzerland instead, the 125 LI received the "Luxe" name, emphasising the luxurious and elegant nature of the new Series III.

Lambretta 175 TV Terza serie

Il modello più prestigioso della gamma Innocenti era la 175 TV, scooter di classe superiore e ai vertici della sua categoria per prestazioni e affidabilità.
La presentazione alla stampa della serie TV era sempre stata un evento particolare, che anticipava di qualche mese l'uscita delle corrispondenti versioni più economiche 125 e 150.
Nel caso del lancio della nuova Terza serie venne deciso di invertire questa consuetudine, presentando prima le versioni 125 e 150 e, a distanza di pochi mesi, la rinnovata 175TV.
Fu scelto il mese di marzo del 1962 per informare il mondo scooteristico della nuova nata; con un comunicato stampa del giorno 22 la Innocenti annunciava ufficialmente l'arrivo sui mercati internazionali della 175 TV Terza serie!
Fu un momento di grande rilievo per la storia dell'Innocenti; con la nuova 175 TV si raggiunsero il massimo livello qualitativo e lo stile più innovativo e futurista che si poteva sviluppare in quei primi anni Sessanta.
Possiamo tranquillamente affermare che la 175 TV Terza serie sia stato lo scooter più importante di tutta la produzione Innocenti, perché racchiude in se tutte le qualità che hanno reso celebre la Lambretta nel mondo: alta tecnologia, innovazione, affidabilità ed eleganza e, non dimentichiamoci, prestazioni al vertice della categoria!
Pezzo forte della nuova Lambretta era il freno a disco anteriore, novità assoluta in campo scooteristico; prodotto dalla Campagnolo in esclusiva per la Innocenti, era un freno a comando meccanico con disco flottante e pinza fissa.
Esteticamente la linea riprendeva quella già conosciuta delle 125-150 LI Terza, con modifiche sostanziali e molto raffinate che riguardavano la parte anteriore dello scooter.
Primo fra tutti il manubrio con il bellissimo faro a ghiera esagonale, di stile automobilistico con regolazione della profondità del fascio luminoso; poi il parafango anteriore di forma più sportiva e realizzato in "Poli-

Il primo prototipo definitivo della 175 TV con i soli fregi anteriori ai cofani. Non sono mai riuscito a trovare un documento che spiegasse la ragione del perché, all'ultimo momento, furono sostituiti i cofani con quelli più tradizionali della serie LI.

The first definitive prototype of the 175 TV with just the front trim on the side panels. I have never managed to find documentation explaining why at the last moment the side panels were replaced with the more traditional ones of the LI series.

Lambretta 175 TV Series III

Versione definitiva della 175 TV con i cofani derivati dalla serie LI.
La verniciatura bicolore prevedeva anche il parafango anteriore in Fiberglass.

The definitive version of the 175 TV with the side panels derived from the LI series. The two-tone paintwork was extended to the fibreglass front mudguard.

The most prestigious model in the Innocenti range was the 175 TV, a scooter of a higher class and at the top of its category in terms of performance and reliability.
The presentation of the TV series to the press had always been a special event that anticipated by a few months the launch of the corresponding more economical 125 and 150 versions.
In the case of the Series III, it was decided to invert this trend, presenting first the 125 and 150 versions and then, some months later, the revised 175 TV.
The month of March 1962 was chosen to present the new model to the scootering world: in a press release dated 22 March, Innocenti officially announced the arrival in the international markets of the 175 TV Series III.
It was a historic moment of great significance to the Innocenti story; with the new 175 TV the company reached unprecedented levels of quality while the styling was the most innovative and futuristic to be developed in the early Sixties.
It can rightly be said that the 175 TV Series III was the most important scooter ever produced by Innocenti as it encapsulated all those qualities that made the Lambretta famous throughout the world: high technology, innovation, reliability and elegance along with, it should not be forgotten, class-leading performance!
A strong suit of the new Lambretta was the front disc brake, a first in the scooter field; produced by Campagnolo exclusively for Innocenti, the brake was mechanically actuated and featured a floating disc and fixed caliper.
Stylistically, the lines reprised those already seen on the 125-150 LI Series III, with substantial and sophisticated modifications concerning the front part of the scooter. First and foremost, the handlebar with the very handsome headlight featuring a hexagonal casing and a means of adjusting the depth of the beam. The front mudguard had a sportier shape and was

glass GRP", ed infine la mascherina del frontale con la sagoma della griglia claxon più ampia e ricercata.
Come di tradizione della TV, la sella era del tipo biposto di tradizione motociclistica, di un elegante colore blu scuro.
I cofani laterali, che inizialmente erano previsti con un attraente fregio in alluminio a tre punte, erano gli stessi delle serie più economiche; solo successivamente si adottarono i cofani della 150 Special con i 2 fregi a tre punte anteriori e posteriori.
Per differenziare ancora di più la 175 dalle versioni 125 e 150, furono proposte colorazioni specifiche bicolore: Grigio 61/Rosso Corallo. Grigio 61/Giallo chiaro, Grigio 61/Grigio chiaro.
Successivamente vennero adottate nuove colorazioni, di cui se ne parlerà nel capitolo finale relativo alle caratteristiche tecniche.
Per quanto riguarda la meccanica, le novità introdotte sulla 175 TV riguardavano principalmente tre organi del motore: la marmitta, ora più voluminosa e silenziosa, il carburatore, di tipo automatico e i silent-block di supporto, maggiorati nelle dimensioni per ridurre le fastidiose vibrazioni che avena perseguitato la versione precedente.

Nella vista dall'alto non si può fare a meno di apprezzare la fantastica linea aerodinamica della TV3; sembra che voglia bucare l'aria per correre ancor più velocemente!

In the overhead view we can appreciate the fantastic aerodynamic lines of the TV Series III; it appears eager to penetrate the air to race all the faster!

Il famoso freno a disco prodotto dalla Campagnolo: in questo caso si tratta di una primissima versione ancora senza le caratteristiche griglie di protezione in plastica bianca.

The famous disc brake produced by Campagnolo; in this case it is a very early version without the characteristic protective grilles in white plastic.

made in "Poliglass GRP", while the front panel featured a more pronounced and sophisticated horn shape. As was traditional with the TV, a motorcycle-style two-seater saddle was fitted, upholstered in an elegant dark blue.

The side panels, which initially featured an attractive three-pointed aluminium trim motif, were the same as those fitted to the more economical models; only subsequently were the side panels of the 150 Special adopted with the two front and rear three-pointed trim elements.

La velocità dichiarata era di 104 Km/h con il pilota sdraiato, che scendeva a 93 con il pilota seduto normalmente.
Il prezzo di vendita rimase invariato, come dichiarato dalla Innocenti: "Il meglio di quanto la più progredita tecnica costruttiva abbia realizzato sino ad oggi è stato profuso in questo modello della Innocenti senza alterarne il prezzo di vendita rispetto alla serie precedente".
Al termine del comunicato stampa c'era un avviso molto strano e di cui non ho capito il motivo: "Per ora la 175 TV Terza serie è riservata al mercato italiano".
Per quale ragione un modello così innovativo non doveva essere subito proposto sul mercato internazionale? Forse per problemi di produzione? A oggi non ho ancora trovato il perché di questa strana decisione.
Durante la sua produzione la 175 TV ha ricevuto diverse migliorie, ampiamente trattate nel libro "Guida all'Identificazione"; mi limiterò, quindi, a segnalare le più evidenti e importanti.

Molto popolare, anche se meno attraente, era la versione verniciata integralmente in Bianco nuovo 8059 mentre gli ammortizzatori, rispetto alla TV Seconda serie, erano sempre verniciati in color alluminio metallizzato.

The eversion painted in a single colour, New White 8059, was very popular albeit less attractive, while compared to the TV Series II, the dampers were always painted in a metallic aluminium colour.

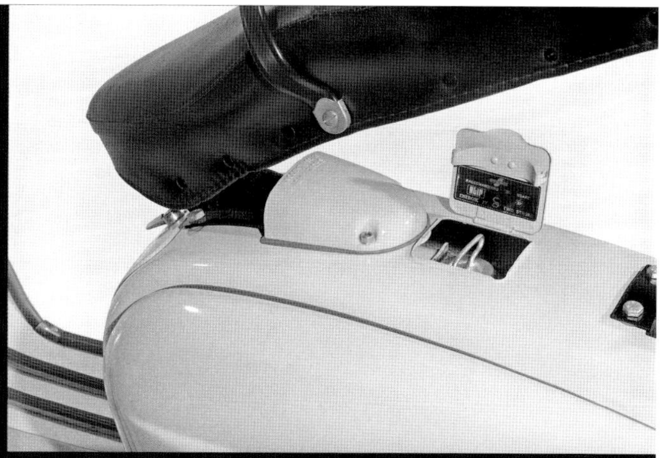

Sopra, le uniche parti verniciate in nero erano il telaio della sella lunga e il suo gancio di fissaggio, in quanto erano forniti da ditte esterne alla Innocenti.
Sotto, il bellissimo faro ottagonale dava alla TV un tocco di gran classe ed esclusività. Era infatti la prima volta che su uno scooter veniva montato un faro di tipo automobilistico con la regolazione del fascio di luce.

Above, the only parts painted in black were the frame of the long saddle and its fixture which were supplied by outside firms.
Below, the beautiful octagonal headlight gave the TV a touch of exclusive class. It was in fact the first time that a scooter had been fitted with a car-type headlight with an adjustable beam.

In order to further differentiate the 175 from the 125 and 150 versions, specific two-tone colour schemes were offered: Grey 61/Coral red; Grey 61/ Light Yellow; Grey 61/ Light Grey.
New colours were subsequently adopted that will be discussed in the final chapter dedicated to the technical specifications.
With regard to the mechanical side, the novelties introduced on the 175 TV principally concerned three engine components: the exhaust silencer, now larger and quieter, the carburettor, now an automatic type, and the silent bloc supports, now larger in order to reduce the irritating vibration that had affected the previous version.
The declared maximum speed of 104 kph required the rider to assume a reclining position, 93 kph was possible with the rider sitting normally. The list price remained unchanged, as declared by Innocenti: "The best that the most advanced engineering has created to date has been expressed in this Innocenti model without altering list price with respect to the previous series".
At the end of the press release there was a very unusual announcement that is difficult to understand: "For now the 175 TV Series III is reserved for the Italian market". Why should such an innovative model not immediately be offered on the international market? Perhaps there were production issues? To date I have yet to find the reasoning behind this odd decision.
During its production run, the 175 TV was subjected to a number of improvements, covered in detail in the "Guide to the Identification"; only the most conspicuous and most important have been listed here.
1963 saw the introduction of the new six-pole flywheel magneto manufactured by Ducati and under license by Dansi and Filso. With this system the brake light switch had two rather than three contacts and continued to be regulated by the battery.
In the October of 1963 a new version was presented with aluminium trim on the side panels and metallic

Nel 1963 venne introdotto il nuovo volano magnete a 6 poli di fabbricazione Ducati e licenza Dansi e Filso. Con questo impianto l'interruttore dello stop passò da 3 contatti a 2 contatti, sempre con l'ausilio della batteria.
Nell'ottobre del 1963 fu presentata la nuova versione con i fregi in alluminio ai cofani e la verniciatura azzurro metallizzato, mentre verso la metà del 1965 venne eliminata la ghiera cromata tra il manubrio e il frontale.
Una delle ultime modifiche all'inizio 1966 riguardava i comandi interni al manubrio che erano realizzati in nylon al posto dell'ottone.
Con una produzione totale di 37.784 unità, la 175 TV fu sicuramente un grande successo commerciale, anche considerando l'alta gamma del prodotto; purtroppo non riuscì a sorpassare la sua precedente TV Seconda serie che, con 43.700 pezzi fu la TV prodotta in maggior numero di esemplari.

Quattro viste della rinnovata 175TV con i cofani derivati dalla 150 Special e la nuovissima colorazione Azzurro Metallizzato 8062. In questo caso si può notare che la Lambretta monta pneumatici Michelin del tipo ACS. In effetti la Pirelli non si era mostrata in grado di mantenere una continuità nelle forniture e quindi la Innocenti, per i modelli di alta gamma, aveva dovuto appoggiarsi anche alla Michelin, tradizionale fornitore della concorrente Vespa.

blue paintwork, while towards the middle of 1965 the chrome bezel between the handlebar and the front panel was eliminated.
One of the final modifications introduced early in 1966 concerned the internal handlebar controls in nylon rather than brass.
With a total production of 37,784 units, the 175 TV was without doubt a great commercial success, especially considering the model's elevated quality; unfortunately it failed to exceed the preceding TV Series II that with 43,700 units was the TV produced in the greatest number of examples.

Four views of the revised 175 TV with side panels derived from the 150 Special and the brand-new Metallic Blue 8062 colour. In this case, it can be seen that the Lambretta has been fitted with Michelin ACS tyres. In effect, Pirelli had proved incapable of guaranteeing continuity of supplies and for its flagship models Innocenti had had to turn to Michelin, the traditional supplier of its Vespa rival.

INNOCENTI

NOTIZIE PER LA STAMPA

La nuova Lambretta 175 tv

ultima versione della 175 TV Ad un mese appena dal lancio della Lambretta 150 Special, la Innocenti divisione motori, ~~presenta~~ ha presentato l'ultima riuscita versione della 175 TV. La nuova 175 TV è uno scooter che ripete nella meccanica, nel motore e nella adozione del freno a disco, il successo ottenuto dalla 175 TV « terza serie » ma aggiunge a queste soluzioni tecniche un nuovo « vestito » e cioè: fiancate di nuo-

fiancate di nuovo disegno vo disegno con fregi in alluminio lucidato ed un unico colore metallizzato azzurro. ~~La nuova 175 TV viene dunque a ribadire il successo avuto dalla Lambretta 175 TV « terza serie » che fu lanciata con lo slogan « il motorscooter più sportivo » e si inserisce accanto alle ormai note Lambretta 125 li, 150 li, 150 Special.~~

scooter particolarmente elegante Questa nuova Lambretta si presenta sul mercato motociclistico per soddisfare le esigenze di un determinato pubblico: quello cioè che vuole uno scooter particolarmente elegante ferme restando le prestazioni brillanti e sportive.

prestazioni brillanti e sportive Il motore della nuova 175 TV è e resta quello brioso e scattante della 175 TV « terza serie » e cioè un monocilindrico orizzontale a due tempi con raffreddamento ad aria forzata e distribuzione ad incrocio di corrente, e con pistone piatto.

sorprendente accelerazione I rapporti del cambio, giustamente calibrati, e la forte coppia del motore, anche a basso o a medio regime, consentono una sorprendente accelerazione. Si può percorrere con il pilota abbassato, il chilometro con partenza da fermo in poco più di 47" vale a dire a 76 km/h. Il motore fornisce queste prestazioni ad un regime niente affatto elevato e precisamente poco al di sopra di 5000 giri.

freno a disco Anche su questa nuova Lambretta 175 TV, la presenza del freno a disco è una caratteristica essenziale. Realizzato secondo il sistema della pastiglia fissa collocata di fronte ad un disco solidale con la ruota e ad un altra pastiglia mobile, questo com-

molteplici vantaggi plesso frenante presenta numerosi vantaggi. L'azione del freno si esercita in maniera progressiva e sempre maggiore con l'aumentare della velocità, evitando il bloccaggio della ruota. Contrariamente ai freni tradizionali a ganasce il surriscaldamento prodotto dall'uso continuato non provoca il fenomeno del « fading », ma lascia inalterata l'efficienza frenante. Inoltre il freno a disco, che non richiede alcuna registrazione in quanto mantiene sempre costante la sua efficienza nel tempo, non accusa l'influenza degli agenti atmosferici.

INNOCENTI

La INNOCENTI presenta il primo ed unico motor scooter al mondo corredato di freno a disco:

Lambretta 175 TV / 3ª SERIE

Dopo il successo conquistato dai nuovi modelli Lambretta (125 e 150 Li 3ª Serie) presentati dall'Innocenti come gli « Scooterlinea '62 », si aggiunge oggi, a completamento della tradizionale gamma di produzione il tipo 175 TV/3ª serie, particolarmente adatto per le sue innovazioni tecniche d'avanguardia a soddisfare la clientela sportiva più esigente.

È infatti per la prima volta al mondo che un motoveicolo di serie viene equipaggiato con un freno a disco.

I vantaggi di questa applicazione su un motorscooter (dalle prestazioni elevatissime, 104 Km/ora) sono molteplici; ci limiteremo perciò ad elencare solo quelli più pratici:

— 1° - L'azione frenante si esercita in maniera progressiva e sempre maggiore con l'aumentare della velocità evitando nel contempo il bloccaggio delle ruote.

— 2° - Il particolare tipo di freno a disco montato su questo modello non necessita di registrazioni mantenendo costante nel tempo la sua efficienza.

— 3° - Contrariamente ai freni tradizionali (a ganascia) il surriscaldamento prodotto dall'uso continuato che in quelli produce il fenomeno di « fading » in questo ne aumenta invece l'effetto frenante.

— 4° - Il freno a disco non risente degli agenti atmosferici quali umidità, acqua, fango, gelo, calore ecc. evitando quei fenomeni di slittamento deteriori per l'efficienza e la sicurezza della frenata.

Riassumendo si deducono facilmente i reali e pratici vantaggi che questa applicazione consente per la sicurezza di marcia del conducente.

Inoltre in questo nuovo motorscooter dalle caratteristiche prettamente sportive, il freno a disco montato sulla ruota anteriore si accompagna ad un freno di tipo tradizionale posteriore ottenendo così dall'accoppiamento dei due tipi una efficienza di frenata ideale a qualsiasi velocità.

La Lambretta 175 TV/3ª Serie oltre a questa applicazione tecnica d'avanguardia si presenta completamente rinnovata nella linea e nei particolari costruttivi.

Le dimensioni dello scooter (lunghezza, larghezza e altezza) sono state diminuite e portate a quell'optimum che consente una migliore manovrabilità del veicolo, una più comoda posizione di guida per il pilota ed il secondo passeggero mentre la caratteristica linea filante propria della serie scooterlinea '62, consente una maggiore penetrazione aerodinamica sì da permettere il raggiungimento di velocità più elevate.

Tecnica 175 TV

Come già accennato in precedenza, la nuova 175 TV Terza serie riprendeva integralmente tutti i concetti costruttivi introdotti sulla 175 TV Seconda serie: motore orizzontale con trasmissione a catena duplex, telaio in tubo di grande sezione e sospensioni con ammortizzatori idraulici.

Il pezzo forte del nuovo modello era il freno anteriore a disco, incorporato nel mozzo, mentre le altre novità riguardavano la forma della carrozzeria, con dei volumi più contenuti e più aerodinamici e alcune parti del motore: marmitta e silenziatore.

Il freno a disco era certamente la novità più eclatante della 175 TV: una scelta costruttiva di assoluta innovazione, mai tentata su uno scooter di serie. Mi sarebbe piaciuto vedere la faccia dei tecnici Piaggio quando videro la TV con il fiammante freno a disco, chissà cosa avranno pensato!

Con lo slogan " Il primo e unico scooter al mondo corredato di freno a disco" la 175 entra ufficialmente sul mercato nella primavera del 1962.

Questo freno era stato progettato e realizzato dalla Campagnolo, una importante azienda famosa per i cambi e accessori per biciclette da corsa.

Il suo funzionamento era abbastanza semplice perché il comando era del tipo meccanico senza un circuito idraulico; la leva al mozzo era del tipo fisso con meccanismo a tre sfere che spingevano su un piano inclinato la pastiglia di materiale sinterizzato.

Il disco era del tipo flottante su tre perni disassati con un anello di frizione per frenare lo spostamento assiale. Questo sistema era la causa più frequente del malfunzionamento del disco; infatti, se il disco rimaneva bloccato sui tre perni le pastiglie non lavoravano in coppia e la frenata risultava molto modesta.

Attualmente si tende a togliere l'anello di frizione per facilitare lo spostamento assiale del disco, anche se può capitare che ai bassi giri della ruota il disco provochi un fastidioso rumore metallico.

Un altro accorgimento molto importante per far funzionare in maniera ottimale il freno è quello di usare

Una interessante cartolina pubblicitaria della 175 TV mai diffusa sul mercato. Si tratta di una versione preserie con la marmitta verniciata in nero (come la TV Seconda serie) e con il coperchietto della leva del freno a disco senza il marchio "J". Notare che il carter motore è ancora quello della Seconda serie con il fermo avviamento molto pronunciato.

An interesting promotional postcard for the 175 TV that was never distributed. This was a pre-production version with the exhaust painted in black (as on the TV Series II) and with the disc brake lever cover without the "J" logo. Note that the engine casing is still that of the second series with the very prominent starting lever bump stop.

Engineering 175 TV

Un'altra cartolina, questa volta più aderente alla realtà, che raffigura la 175 TV con ancora i caratteristici cofani laterali con il fregio anteriore. La scritta a mano 2.000 indicava l'ordine dei pezzi da stampare. Questa cartolina è stata trovata nell'archivio della tipografia che stampava per la Innocenti.

Another postcard, this time close to reality, showing a 175 TV still with the characteristic side panels featuring front trim. The handwritten 2,000 indicated the number of cars ordered for printing. This postcard was found the archive of the firm that did printing work for Innocenti.

Una simpatica signorina orientale fa da testimonial per la nuova 175 TV Terza serie. Non sarà mai pubblicata perché la Lambretta non era ancora nella sua veste definitiva.

An attractive Asian model poses with the new 175 TV Series III. The photo was never published because the Lambretta was not in definitive form.

As mentioned previously, the new 175 TV Series III reprised all the engineering concepts introduced on the 175 TV Series II: horizontal engine with duplex chain transmission, a frame with large section tubes and suspension with hydraulic dampers.
The strong suit of the new model was its front disc brake, incorporated in the hub, while the other novelties concerned the shape of the bodywork, with sleeker, more aerodynamic lines, and certain engine components: the exhaust and silencer.
The disc brake was certainly the 175 TV's most exciting innovation; absolutely cutting edge engineering that had never before been attempted on a production scooter. I would like to have seen the faces of the Piaggio engineers when they saw the TV

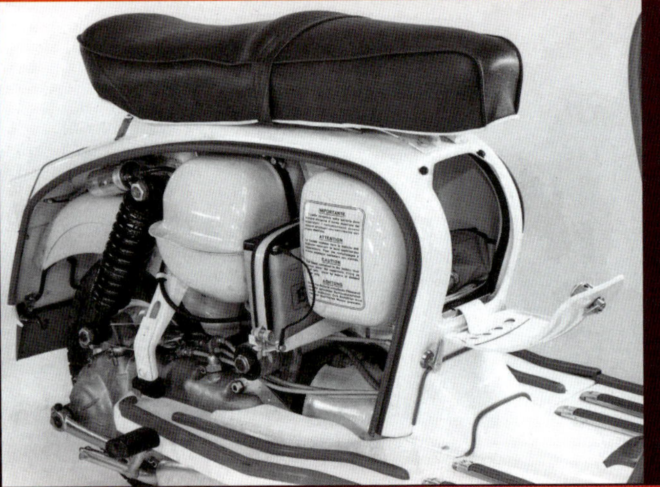

Queste due immagini ritraggono una 175 TV destinata al mercato anglosassone con la caratteristica sella Pegasus. Questo tipo di sella, dalla seduta molto comoda e ampia, era montata direttamente in Inghilterra dal distributore ufficiale Peter Agg.

These two photos show a 175 TV destined for the British market and fitted with the characteristic Pegasus saddle. This type of very comfortable saddle was fitted directly in England by the official distributor Peter Agg.

una guaina del cavo rinforzata (come l'originale) che riduce drasticamente l'effetto molla all'azionamento della leva al manubrio.

Ultima accortezza per migliorare la funzionalità, è la sabbiatura fine del disco che migliora notevolmente il grip sulle pastiglie ma, allo stesso tempo, ne riduce notevolmente la loro vita.

Sempre riguardo al freno a disco è interessante notare che all'inizio della produzione si pensò di lasciare libere le 4 finestre di raffreddamento; poi, dal numero di telaio 500.710 vennero introdotte griglie bianche per fermare eventuali sassi che avrebbero potuto entrare nel mozzo procurando gravi danni al disco.

Il carburatore adottato sulla Terza serie era un nuovo modello Dell'Orto a vaschetta centrale con la valvola piatta; identificato con la sigla SH, questo tipo di carburatore era decisamente più funzionale e robusto, inoltre la semplificazione della valvola senza lo spillo conico garantiva una costanza di rendimento anche dopo decine di migliaia di chilometri.

Il diametro del diffusore venne diminuito da 21 a 20 e venne modificata la scatola filtro. Con questa nuova configurazione vennero ri-

Il famoso freno a disco Campagnolo, sezionato per mostrare le sue principali caratteristiche tecniche. Come già detto, si trattava di un freno a comando meccanico con cavo. Per ottenere la miglior resa, era necessario registrare frequentemente la vite di fermo della pastiglia fissa, per far sì che entrambe le pastiglie facessero correttamente il loro lavoro.

The famous Campagnolo disc brake, cut away to show its principal technical features. As mentioned previously it was mechanically actuated via a cable. In order to obtain optimum performance the fixed brake pad screw had to be adjusted frequently to ensure both pads worked correctly.

with its brand new disc brake: who knows what they must have been thinking!

Accompanied by the slogan "The world's first and only scooter equipped with a disc brake" the 175 was officially launched in the spring of 1962.

This brake had been designed and manufactured by Campagnolo, a major company famous for its gear systems and accessories for racing bicycles.

It was a fairly simple device as it was mechanically actuated with no hydraulic circuit; the lever at the hub was fixed with three ball bearings pressing the sintered pad on an inclined plane.

The floating disc had three offset pins with a friction ring to control axial movment. This system was the cause of the most frequent malfunctions with the brake; in fact if the disc was blocked on the three pins the pads no longer worked as a pair and the braking effect was very modest.

Nowadays owners tend to remove the friction ring to allow a degree of axial movement of the disc, even though it may happened that at low wheel speeds the disc causes an unpleasant metallic sound.

Another very important trick that helps ensure the brake works perfectly is to use a reinforced cable sheath (like the original) which drastically reduces the spring effect of the handlebar lever.

A further expedient to improve braking performance is to fine sand-blast the disc itself which considerably improves grip on the pads but does significantly reduce their longevity.

It is interesting to note with regard to the disc brake that at the beginning of the production run four cooling windows were left open, while from frame number 500.710 white grilles were introduced to prevent

L'ampio sellone della TV era normalmente fabbricato dalla Giuliari. Si trattava di una sella molto curata e ben imbottita che, successivamente, sarà sostituita con un modello più semplice, unificato con le altre versioni Lambretta.

The ample saddle of the TV was usually manufactured by Giulari. This very comfortable and well upholstered saddle was later replaced by a simpler model, in line with the rest of the Lambretta range.

Ancora una bella immagine da tre quarti posteriore della TV preserie con i cofani con la fiamme.

Another fine rear three-quarter view of the pre-production TV featuring the side panels with the flames.

dotti i consumi senza sacrificare le già ottime prestazioni della serie precedente.

L'impianto di scarico venne completamente ridisegnato, adottando un silenziatore di grande volume che riuscì a ridurre il rumore di scarico e, nel contempo, aumentò sensibilmente le prestazioni in accelerazione della nuova TV.

La parte interna del motore rimase pressoché invariata: stessa frizione, stessi rapporti, stesso albero

Una interessante vista del gruppo motore con tutti gli organi di servizio. L'adesivo sul bauletto riportava le istruzioni per la manutenzione della batteria.
Come per gli atri modelli Lambretta, l'ammortizzatore posteriore era sempre verniciato integralmente in nero opaco.

An interesting view of the engine assembly with all the ancillary organs.
The sticker on the glovebox gave instructions for battery maintenance.
As with the other Lambretta models, the rear damper was always fully painted in matte black.

INNOCENTI
Lambretta

CENTRO RICAMBI

INFORMAZIONE DI MODIFICA N.° T/63

DATA 9.12.63

"Lambretta" 175/TV III serie.
Fiancata.

Vi segnaliamo che sulle macchine di tipo emarginato a partire dal telaio matricola n° 527454 sono state apportate le seguenti modifiche:

	Pre-modifica	Post-modifica
Fiancata sinistra	19955090	19755130
Fiancata destra	19955100	19755140
Fregio ant. per fiancata sinistra	-	19755010
Fregio ant. per fiancata destra	-	19755020
Dado per fissaggio fregi	-	72000035 (4 pz.)
Rondella elastica per dadi	-	83100004 (4 pz.)
Fregio post. per fiancata sinistra	-	19755074
Fregio post. per fiancata destra	-	19755075

Vogliate apportare tali modifiche sul catalogo ricambi Pubbl.n° 36-3/1962.

L'informativa della Innocenti che avvisava la modifica dei cofani sulla 175TV3. Questo documento è molto importante perché precisa in maniera inequivocabile il numero di telaio da cui è iniziata la produzione del modello "tipo Special".

The Innocenti circular regarding the modification of the side panels on the 175 Series III. This document is very important as it unequivocally specifies the frame number from which production of the "Special" began.

39.75"

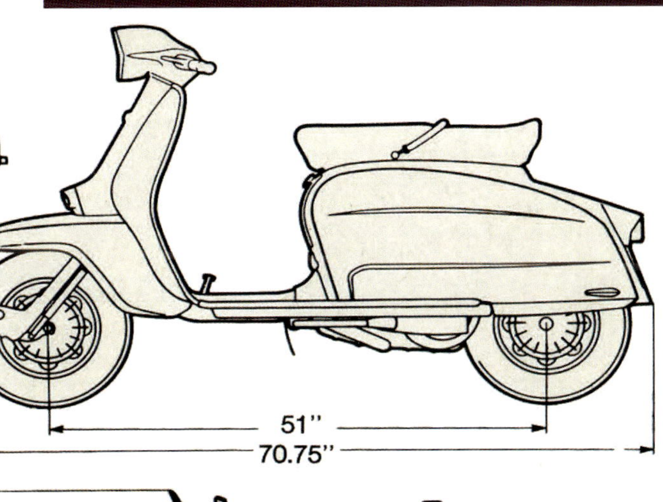

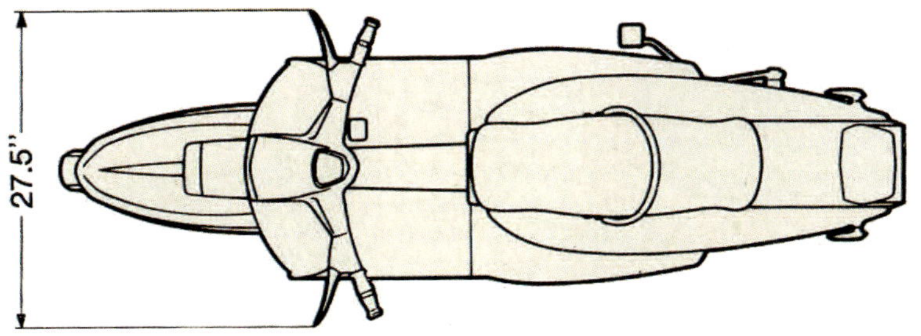

stones entering the hub and potentially causing serious damage to the disc.

The carburettor adopted on the Series III was a new Dell'Orto model with a central float chamber and a flat valve; the SH type was a significantly more functional and robust carb and the simplification of the valve without the conical needle guaranteed consistent performance, even after tens of thousands of kilometres. The diameter of the diffuser was reduced from 21 to 20 mm and the filter box was modified. This new configuration led to lower fuel consumption without sacrificing the excellent performance of the previous series

The exhaust system was completely redesigned, adopted a large silencer that succeeded in reducing noise levels while at the same time contributing to a significant improvement in acceleration for the new TV.

The internal components of the engine were virtually unchanged: the same clutch, the same ratios, the same crankshaft; only the compression was raised slightly from 7.6 to 8 to improve pick-up without increasing fuel consumption.

As far as the frame and suspension was concerned, the basic structure was unchanged, although all the overall dimensions were modified, reducing the volume of the bodywork and improving aerodynamics, lending a more sporting character to the TV Series III.

The most interesting part was without doubt the handlebar with that fabulous octagonal headlight that lent the Lambretta a touch of class and exclusivity. This was a brand new feature with the sealed beam unit being adjustable via a simple screw fitted to the base of the headlight. Of clear automotive inspiration, the new lighting unit was certainly one of the most prestigious Lambretta details.

Another interesting first was the front mudguard made from "Poliglass G.P.R.". In truth, the reasoning behind this choice of material was not clear as while ot was certainly a novelty, it was never publicised and there were very few clients that were actually aware of this interesting engineering detail.

motore; venne solo incrementato il rapporto di compressione da 7,6 a 8, per migliorare la ripresa senza aumentare il consumo di carburante.
Per quanto riguarda la telaistica, la struttura generale non fu cambiata, ma vennero modificate tutte le misure di ingombro, riducendo drasticamente i volumi della carrozzeria per migliorare l'aerodinamica e dare un taglio più sportivo alla TV Terza serie.
La parte sicuramente più interessante era il manubrio con quel favoloso faro ottagonale che dava alla Lambretta un tocco di vera classe ed esclusività.
Si trattava di una novità assoluta il gruppo parabola-vetro sigillato e la possibilità di regolazione del fascio luminoso mediante una semplice vite posta alla base del faro; di chiara ispirazione automobilistica il nuovo gruppo ottico era certamente uno dei particolari più pregiati di tutta la Lambretta.
Un'altra in interessante primizia era il parafango anteriore realizzato in "Poliglass G.P.R.". A dir la verità non fu molto chiara questa scelta costruttiva perché, se era sicuramente una novità, in pratica non venne mai pubblicizzata a dovere e furono ben pochi i clienti che erano a conoscenza di questa interessante originalità costruttiva.
Durante la sua produzione il parafango anteriore venne proposto anche nel tradizionale metallo stampato e, per un certo periodo, i due tipi erano montati senza un particolare ordine cronologico.
Nella seconda metà del 1963, e più precisamente dal numero di telaio 527.454, venne introdotta la nuova versione derivata dalla 150 Special; i cofani ricevettero finalmente i fregi in alluminio che erano già stati provati sui primi prototipi e, per quanto riguarda la verniciatura, vennero abbandonate le tinte bicolore in favore di una scintillante vernice azzurro metallizzato.
Prodotta da marzo 1962 a ottobre 1965, la 175 TV Terza serie raggiunse la ragguardevole cifra di 37.794 di unità prodotte.

Un bellissimo disegno costruttivo del carburatore SH prodotto dalla Dell'Orto sulle specifiche richieste della Innocenti. Notare la data del 1/7/1961. Bisognerà aspettare fino a marzo 1962 per vederlo all'opera sulle 175TV terza serie! Molto interessanti anche tutti gli aggiornamenti e le precisazioni scritte a margine del disegno.

A great technical drawing of the SH carburettor produced by Dell'Orto to Innocenti's own specifications. Note the date 1/7/1961.it was not until March 1962 that it was seen at work on the 175 TV Series III! All the updates and the notes written in the margin of the drawing are also fascinating.

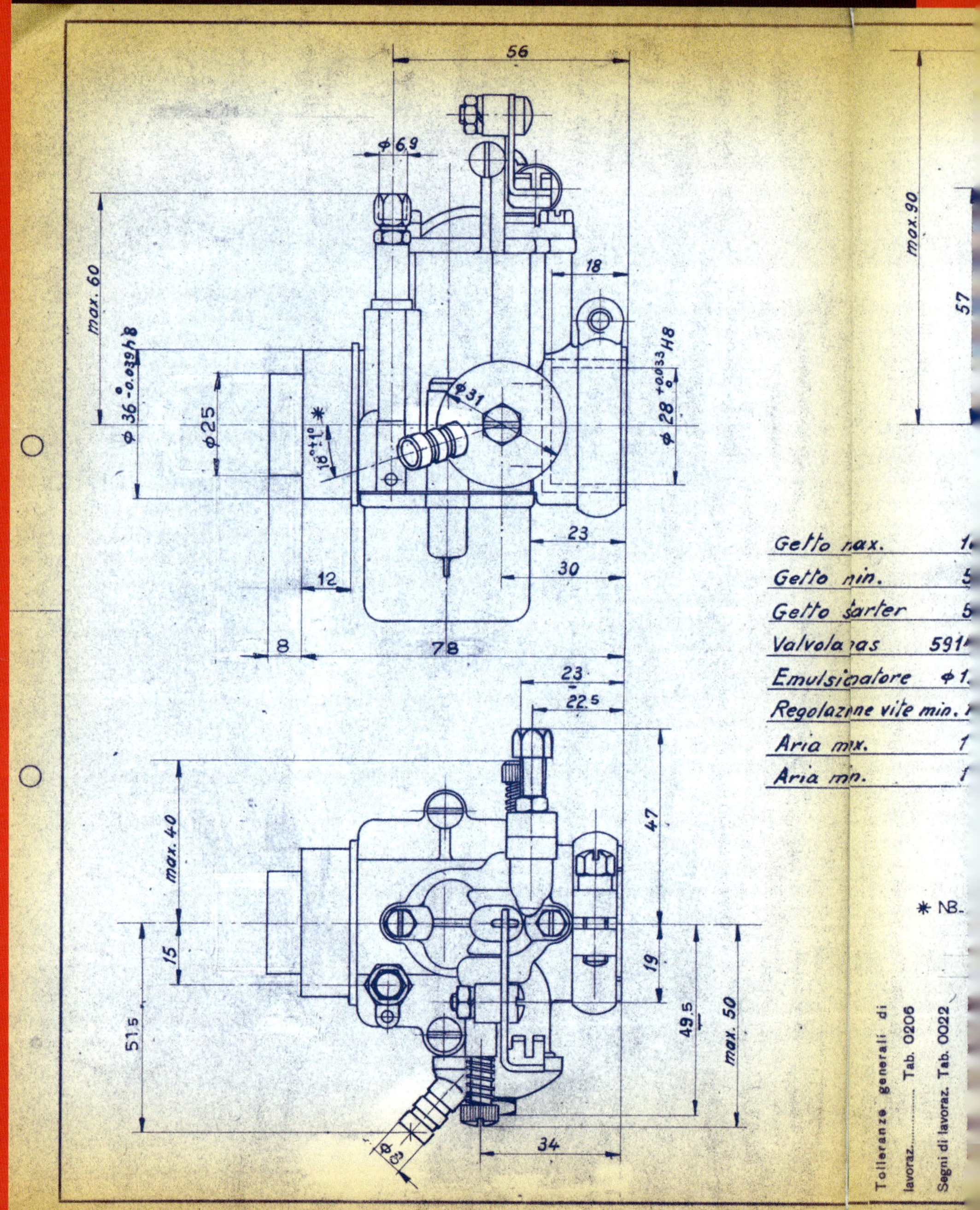

During the model's production run, the front mudguard was also made in traditional pressed steel and for a certain period, both types were fitted with no particular chronological order.
In the second half of 1963, from frame number 527.454 to be precise, a new version was introduced derived from the 150 Special; the side panels finally received the aluminium trim that had been seen on the early prototypes and, with regard to the paintwork, the two-tone colour schemes were abandoned in favour of a sparkling new metallic blue finish.
Between March 1962 and October 1965, the 175 TV Series III was produced in a remarkable total of 37,794 units.

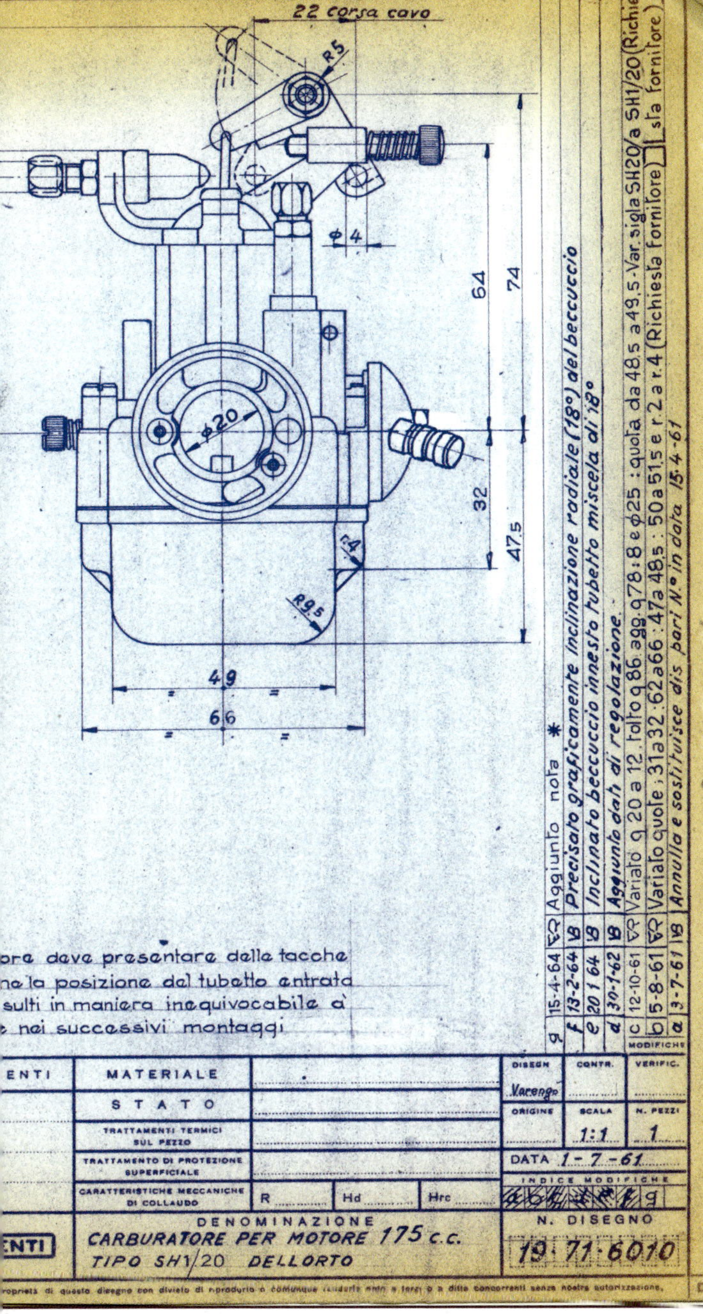

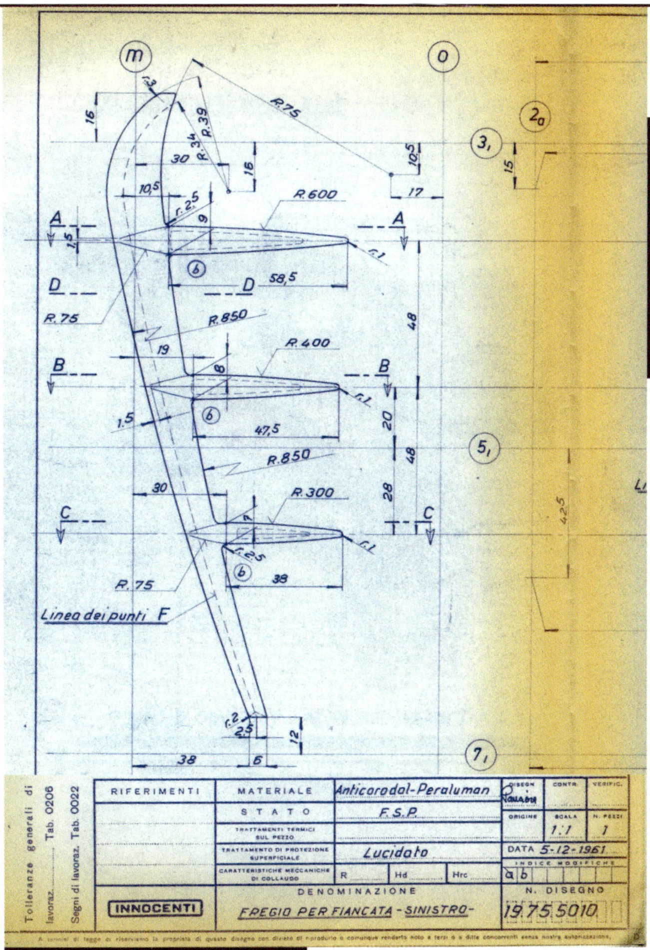

Another interesting drawing for the trim on the left-hand side panel. Strangely, it was not used immediately even though it was ready for mass production.

Un'altro interessante disegno per il fregio sul cofano lato sinistro. Stranamente non fu subito utilizzato sebbene fosse già pronto per la produzione in serie.

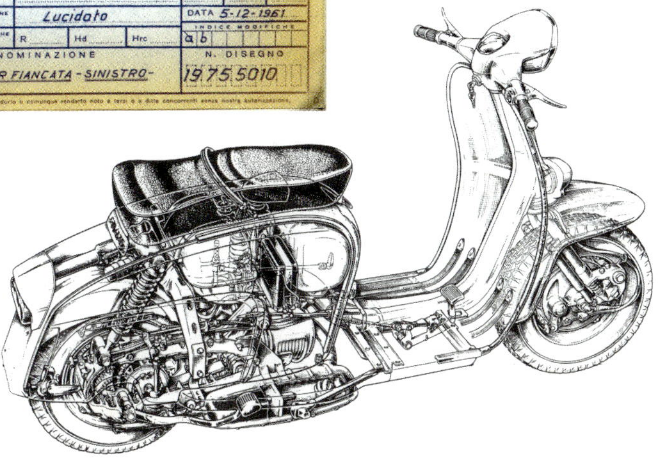

Pubblicità 175 TV

Per promuovere la rinnovata 175 TV, l'Innocenti accentrò tutta la campagna pubblicitaria sulla novità del freno a disco anteriore.
Era la prima volta in assoluto che uno scooter era equipaggiato con questo raffinato freno, all'epoca esclusività delle sole costosissime auto sportive, ed era quindi più che ovvio puntare il tutto per tutto su questo particolare tecnico.
L'immagine più ricorrente era quella del freno a disco e della vista laterale, che rappresentavano le grandi novità della TV Terza serie: sicurezza e stile, sempre con l'affidabilità di un marchio famoso nel mondo: la Innocenti!
Un altro interessante spunto della nuova comunicazione commerciale era la promozione dell'aspetto puramente sportivo della TV, legata soprattutto alla gare in Inghil-

Altro testimonial d'eccezione per il lancio della Terza serie è stato il famosissimo Quartetto Cetra; per l'occasione era stata scrita una simpatica canzone "Lambretta Twist", accompagnata da un coloratissimo filmato che spiegava, a ritmo di musica, le caratteristiche delle nuove Lambretta.

Italy's famous Quartetto Cetra were further exceptional "faces" for the launch of the Series III; for this occasion a novelty song "Lambretta Twist" was written and was accompanied by a colourful film explaining the features of the new Lambretta.

Advertising 175 TV

Il freno a disco anteriore era una primizia mondiale e fu dato molto risalto a questa interessante novità tecnica. In ogni pubblicità della TV non mancava mai una immagine o uno slogan che ricordasse questa importante novità.

The front disc brake was a world first and much emphasis was given to this interesting technical novelty. In every TV advertisement there was always a visual or a slogan picking up on the interesting innovation.

In order to promote the revised 175 TV, Innocenti focussed the entire advertising campaign on the innovative front disc brake.

This was the first time a scooter had been equipped with the sophisticated technology, at that time the exclusive preserve of very expensive sports car, and it was only natural that attention was concentrated on this particular detail.

The most frequently recurring image was that of the disc brake and the side view, which represented the great innovations of the TV Series III: safety and style, combined with the reliability of a marque famous throughout the world: Innocenti!

Another interesting aspect of the new campaign was the promotion of the purely sporting aspect of the TV, associated above all with racing in the United Kingdom where Lambretta dominated all the categories: rallying, track, off-road and trials.

It was in the UK that the TV enjoyed its greatest commercial success; it might have been designed especially for the market: a powerful, agile scooter that was easy to tune and of superlative engineering quality.

It was certainly one of the most popular models, second only to the 200 TV/SX/DL versions that ruled the British market.

Elsewhere around the world, the 175 TV was sold with supplementary tags and logos; in Sweden, for example, the initials NY (New York) were added along with the name Turist Sport.

Another addition was the name "Schoolmaster", although I am not aware of its intended destination.

As with the LI series, for the most luxurious version of the Lambretta, Innocenti prepared a promotional campaign based on the youthful, carefree aspect of the scooter, a companion for fun and recreation rather than a means of getting to work or transporting the family. Those

Si brinda alla nuova TV e, con curiosità, si ammira il nuovissimo freno a disco Campagnolo. Anche la bella ragazza sembra molto interessata a questa importante innovazione.

A toast to the new TV and, with great curiosity the models admire the brand-new Campagnolo disc brake. Both appear to be equally interested in the new technology.

terra dove la Lambretta primeggiava in tutte le categorie velocistiche: rally, velocità, off-road e regolarità.
E fu in Inghilterra dove la TV ebbe il suo più importante successo commerciale; sembrava fatta per loro, uno scooter potente e maneggevole, facile da elaborare e con una qualità costruttiva assoluta.
È stata certamente uno dei modelli più apprezzati, seconda solo alle 200 TV/SX/DL che furono le versioni regine del mercato inglese.
Su altri mercati internazionali la 175 TV venne commercializzata con sigle e loghi supplementari; in Sve-

una Lambretta 175/tv con freno a disco

ha trionfato nella classica prova inglese di moto-cross "la 3 giorni di Welsh"

Questa Lambretta è stata l'unico motor-scooter che si è orgogliosamente iscritto tra 133 moto partecipanti appositamente costruite per tale massacrante tipo di competizione. Al termine della gara il vincitore MR. ALAN KIMBER, intervistato da giornalisti sportivi, ha così commentato: *"Tutto quello che avevo inteso dire sulla* Lambretta *è vero; ho apprezzato soprattutto il* FRENO A DISCO *che funziona meravigliosamente e si è dimostrato prezioso specialmente quando attraversavo pozzanghere (il che è accaduto ben 52 volte!). Ho particolarmente notato la facilità di manovra dello scooter e l'aumentata velocità massima che considero una vera manna! La cosa più impressionante tuttavia - ha concluso* MR. ALAN *- è stata l'elasticità del motore... diverse volte ho avuto la sensazione di guidare una moto bicilindrica!"*

PROP. 1037/L

INNOCENTI *divisione motori*

Per dimostrare lo spirito prettamente sportivo della TV la Innocenti dava molto risalto alle vittorie di questo Super Scooter. Nel caso specifico, un bel successo nella Tre giorni di Welsh, unico scooter iscritto tra le 133 motociclette partecipanti.

In order to demonstrate the sporting nature of the TV, Innocenti gave much prominence to the victories of this super scooter. In this specific case, a fine victory in the Welsh Three Days, the only scooter entered among the 133 participating two-wheelers.

were now functions now performed by the car, ever more accessible to the less well off members of the population.

The only possibility of renewing interest in the scooter was that of offering a vehicle inspired by ideas of fun and freedom, although it continued to be a symbol of a poor country, devastated by the war, a sad heritage that was by no means to shake off.

The moment had come for another battle: scooter versus the motor car.

zia, per esempio, venne aggiunta la sigla NY(da New York) con i nome Turist Sport.
Un'altra sigla aggiuntiva fu la "Schootmaster", della quale non sono a conoscenza della sua destinazione.
Come per la serie LI, anche per la versione più lussuosa la Innocenti preparò una campagna pubblicitaria incentrata sull'aspetto giovane e spensierato dello scooter, un compagno di divertimenti e gioia e non più solo il mezzo per recarsi al lavoro o per tutta la famiglia; ormai quegli impieghi erano destinati all'auto, sempre più vicina e popolare anche ai ceti più modesti della popolazione.
L'unica possibilità di rinnovare l'interesse verso lo scooter era quello di proporre un mezzo di puro divertimento e libertà, ma purtroppo lo scooter era anche il simbolo di un Paese povero, distrutto dalla guerra e non era certo facile scrollarsi di dosso questa triste eredità.
Era arrivato il momento per un'altra battaglia: scooter contro automobile.
Una battaglia ad armi impari che decretò inevitabilmente la vittoria dell'auto e il declino dello scooter.
Ma oggi, fortunatamente, le cose sono cambiate e lo scooter è tornato ad essere un protagonista del traffico cittadino, comodo, pratico ed economico.

Una interessante brochure destinata al mercato svedese dove la 175TV veniva soprannominata NY Turist, oltre la sigla TV. Non si conosce la ragione di questa scelta, se dettata dal distributore locale o se direttamente dalla Innocenti.

An interesting brochure destined for the Swedish market where the 175TV was named the 175 TV NY Turist. We not aware of the motives for this decision, nor whether it was dictated by the local distributor or directly by Innocenti.

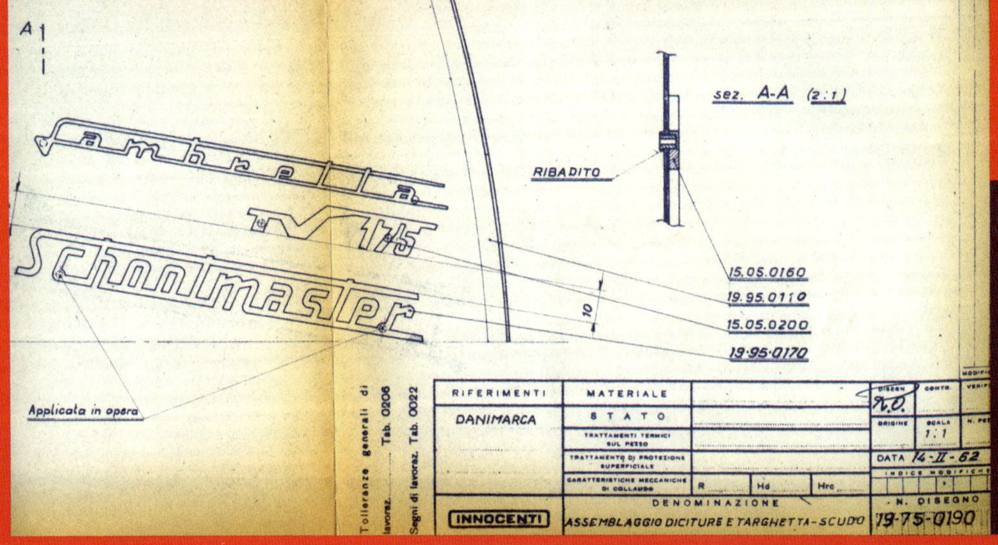

Un'altro logo, questa volta ideato dalla Inncenti, per soprannominare la TV con la scritta :"Schootmaster". Putroppo il disegno tecnico non specifica il Paese di destinazione di questo strano nome. Chissà se qualche lambrettista nel mondo possa riconoscere la misteriosa scritta!

Another badge, this time designed by Innocenti, adding the script "Schootmaster" to the TV model name. Unfortunately, the technical drawing does not specify the country of destination for this unusual name. Who knows whether some Lambrettista around the world can solve the mystery!

...e Mansfield

A battle fought between mismatched adversaries that inevitably led to the victory of the car and the decline of the scooter.
Fortunately, things are different today and the scooter is once again a protagonist of urban life, comfortable, practical and economical.

L'onnipresente Jayne pubblicizza, con le sue prominenti curve, la TV nella sua tradizionale veste Bianco Nuovo. Questo colore non era particolarmente sportivo per uno scooter come la TV, ma ebbe comunque un buon successo di vendite.

The omnipresent Jayne presents, with her prominent curves, the TV in its traditional New White livery. This colour was not particularly sporty for a scooter such as the TV, but it nonetheless enjoyed considerable sales success.

L'archivio del Dott. Zabban

Negli anni Sessanta il Dott. Zabban è stato il più importante fotografo all'interno della Innocenti.
Non era un dipendente della fabbrica, ma un fotografo professionista che di dedicava principalmente alla fotografia industriale e promozionale.
Sono suoi tutti gli scatti più belli della campagna pubblicitaria per il lancio della Scooterlinea.

La Valtellina era la protagonista, insieme alla Lambretta, di queste immagini pubblicitarie. Siamo in alta valle, nella zona di Bormio, a più di 1.200 metri di altezza; la nostra Lambretta se la cava egregiamente, non ha paura della montagna, è sempre stata una provetta scalatrice!

The Valtellina landscape was the protagonist, together with the Lambretta, of these advertising photos. We are in the upper valley, in the Bormio area, at an altitude of over 1,200 metres; our Lambretta copes very well, it has no fear of the mountains and has always been a great climber!

Questo bellissimo scatto di Zabban è stato ambientato presso le impetuose cascate del fiume Braulio, che nasce dal ghiacciaio dello Stelvio per poi gettarsi nell'Adda, corso d'acqua molto caro ai milanesi per le famose vicende dei Promessi Sposi.

This fine shot by Zabban was set at the stunning waterfall on the Braulio river that emerges from the Stelvio glacier and flows into the Adda, a river dear to the Milanesi thanks to Manzoni's "Promessi Sposi".

The archive of Dr. Zabban

In the 1960s, Dr. Zabban was the most important photographer to work for Innocenti. Rather than an employee of the factory he was a professional photographer whose main focus was industrial and promotional photography.
All the best shots for the advertising campaign supporting the launch of the Slimstyle 1962 were his.
Thanks to his exception artistic and photographic talents, the Lambretta was transformed into a precious object of desire and the true protagonist of the image, always in the foreground even in the most elaborate shots.

Grazie alle eccezionali doti artistiche e fotografiche, la Lambretta si trasformava in un prezioso oggetto del desiderio e nella vera protagonista dell'immagine, sempre in primo piano anche negli scatti più elaborati. Grazie alla generosità della famiglia Zabban e la professionalità del Centro per la Cultura di Impresa di Milano, oggi possiamo ammirare il magnifico lavoro del Dott. Zabban che ha saputo rendere la Lambretta ancor più bella e desiderata.

Al mare, come in montagna, la nostra Lambretta era sempre pronta a regalarci momenti di gioia e spensieratezza.
Ed è questo il messaggio che si voleva trasmettere con queste belle immagini: uno scooter giovane e divertente, moderno e alla moda.

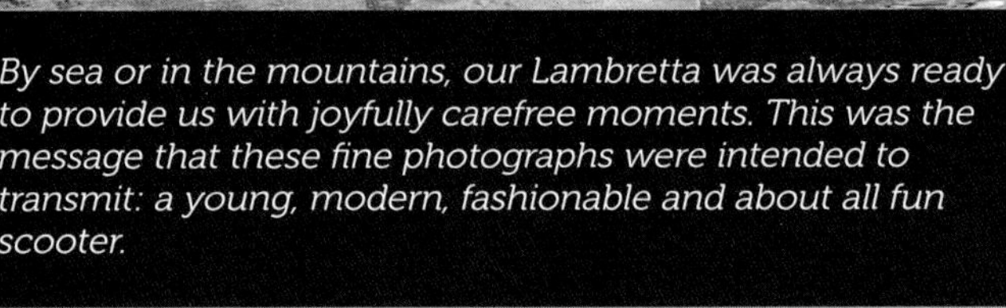

By sea or in the mountains, our Lambretta was always ready to provide us with joyfully carefree moments. This was the message that these fine photographs were intended to transmit: a young, modern, fashionable and about all fun scooter.

Per promuovere la TV, scooter dallo spirito più che sportivo, il posto più adatto era certamente il circuito di Monza, Tempio della Velocità dal 1922. La bella ragazza, vestita di tutto punto con un'aggressiva tuta nera (non proprio attillata...) si rifornisce di miscela dal famoso distributore che aveva servito tutti i più grandi campioni motoristici di quegli anni gloriosi.

In order to promote the TV, a scooter of a particularly sporting nature, there could hardly be a better setting than Monza, the temple of speed since 1922. The attractive model is wearing rather unusual all-in-one black overalls. She is being served with fuel-oil mixture from the famous pump that had supplied all the great motorsport champions of those glorious years.

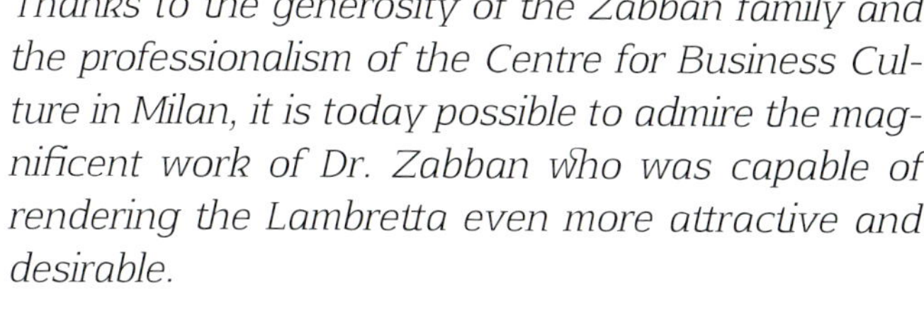

Thanks to the generosity of the Zabban family and the professionalism of the Centre for Business Culture in Milan, it is today possible to admire the magnificent work of Dr. Zabban who was capable of rendering the Lambretta even more attractive and desirable.

Velocità allo stato puro! Questo scatto trasmetteva tutta la sportività e la potenza che la TV Terza serie aveva nel suo DNA. Con il pilota abbassato si poteva raggiungere la considerevole velocità di 104 km/h, record assoluto per uno scooter di serie di quella categoria.

Pure speed! This shot transmits all the sporting prowess and power that the TV Series III had in its DNA. With the rider crouching low it could reach the considerable speed of 104 kph, an absolute record for a production scooter of its category.

Raduni e manifestazioni

Come da tradizione, per la promozione dei suoi scooter, la Innocenti coinvolgeva largamente anche i Lambretta Club, che erano l'anello di congiunzione tra i clienti e l'azienda.

Negli anni Sessanta vennero organizzati raduni a cadenza settimanale in tutte le regioni d'Italia; i Lambretta Club ricevevano dalla Innocenti tutto il supporto logistico, ed anche economico, per promuovere eventi e manifestazioni che servivano a far conoscere ed apprezzare la Lambretta come simbolo di libertà e divertimento.

Nel 1962 si raggiunse l'apice di questo sistema, con lo svolgimento del più lungo rally internazionale mai organizzato da una Casa scooteristica: il Raid Trieste-Istanbul.

Si trattò di un evento unico ed irripetibile che prevedeva una complessa preparazione. Si dovette addestrare una squadra di tecnici e assistenti per seguire l'imponente carovana Lambrettistica lungo le impervie strade della Jugoslavia e della Grecia, organizzare i rifornimenti, allestire i ristori e coordinare i pernottamenti.

Il lavoro fu incredibile, con insidie ad ogni angolo, ma riuscì perfettamente grazie alla grande professionalità del suo presidente Gigi Villoresi, famoso pilota automobilistico ma anche promotore insostituibile dei Lambretta Club in Italia e nel mondo.

Ma lasciamo la parola all'amico Aldo Olivero che, da protagonista di quella storica impresa, ci racconta la sua magica esperienza in quell'indimenticabile rally.

Rally di Istanbul del 1962: il ricordo di Aldo Olivero

Nel 1962 avevo solo ventun'anni e il Rally di Istanbul è stato il mio primo viaggio all'estero.

Il "mio Rally" iniziò partendo da Torino, in solitaria, per arrivare a Trieste il 30 maggio, percorrendo i primi 543 chilometri in sella alla mia nuova TV175 Terza serie, ritirata dalla concessionaria soltanto un mese prima.

Come da programma, l'ultimo giorno di maggio in 276 partimmo da Trieste e dopo aver percorso sette

A very young Aldo, dressed for the part, en route during the gruelling stretch between Trieste and Istanbul. Note on the right of the leg-shield, the precious sticker to be carried with pride, the symbol of the event.

Aldo Olivero, ancora oggi grande appassionato Lambrettista, in sella alla sua fidata 175 TV3. Attualmente Aldo fa parte del Lambretta Club Italia ed è il punto di riferimento per tutti i Lambrettisti del torinese.

Aldo Olivero, still today a great Lambretta enthusiast, seen astride his faithful 175 TV Series III. Currently, Aldo is a member of the Lambretta Club Italia and point of reference for all the Lambrettisti in the Turin area.

Rallies and Shows

Il brillante attore e presentatore della Rai TV, Febo Conti, animatore della carovana durante il lungo viaggio, ha concluso la gara.

MILANO TARANTO IN LAMBRETTA

Un giovanissimo Aldo, vestito di tutto punto, in viaggio durante la faticosa trasferta da Trieste a Istanbul. Notare sulla parte destra dello scudo, il prezioso adesivo da portare con orgoglio, simbolo dalla manifestazione.

As was traditional, in promoting its scooters Innocenti was keen to involve the Lambretta Clubs, which represented the link between the clients and the company. In the 1960s rallies were organized on a weekly basis up and down Italy; the Lambretta Clubs received logistical and even economic support from Innocenti to promote events and shows that served to promote the Lambretta as a symbol of freedom and fun.
1962 saw the apotheosis of this system, with the staging of the longest international rally ever organized by a scooter manufacturer: the Trieste-Istanbul Raid.
This was a unique and unrepeatable event that involved complex preparations. A whole team of engineers and assistants had to be trained to accompany the impressive Lambretta caravan along the rough roads of Yugoslavia and Greece, organize refuelling and feeding stops and coordinate overnight stays.
It was an incredible job, with pitfalls around every corner, but it all went off perfectly thanks to the great professionalism of its president Gigi Villoresi, the famous motor racing driver but also the irreplaceable promoter of the Lambretta Clubs in Italy and around the world.
At this point I shall hand over to my friend Aldo Olivero who, as a protagonist in that historic event, will describe his magical experience in what was an unforgettable rally.

The Istanbul Rally of 1962: the recollections of Aldo Olivero

In 1962 I was just 21 years old and the Istanbul Rally was my first trip abroad.
"My" rally began with a solo departure from Turin, arriving in Trieste on the 30th of May 1962, covering the first 543 kilometres on my brand-new TV175 Series III, which I had picked up from the dealer just a month earlier.
As per the schedule, 276 started out from Trieste on the 31st of May and having completed seven stages arrived in Istanbul on the 6th of June. The Lambret-

tappe, arrivammo a Istanbul il 6 giugno. I lambrettisti, di diverse nazionalità, suddivisi in due colonne avrebbero dovuto percorrere 2.481 km.
Le sette tappe presentavano svariate difficoltà: in territorio turco affrontammo percorsi sterrati completamente infangati e percorremmo l'autostrada Zagabria-Belgrado, 400 chilometri di cemento armato, ad una temperatura di oltre 40°...
Fortunatamente, il viaggio di ritorno fu meno impervio e meno faticoso.
L'8 giugno tutti noi lambrettisti, ovviamente con le nostre splendide Lambrette, ci imbarcammo al porto di Istanbul su una nave diretta ad Atene. Quindi affrontammo in Lambretta i 221 chilometri che separano Atene da Patrasso e, nuovamente via mare, da Patrasso approdammo a Brindisi. Da qui, dopo altri 113 chilometri di strada, giungemmo a Bari per la sfilata conclusiva di questo indimenticabile Rally: un tour per le vie del centro città.
Il 12 giugno il "mio Rally" purtroppo giunse al termine, ma, ahimè, ancora 1.000 chilometri separavano Bari da Torino; fu un lungo viaggio di rientro con un'unica sosta a Bologna. Questa volta non completamente in solitaria: fino a Bologna viaggiai con un Lambrettista di Bolzano, conosciuto già durante la prima sera a Trieste e con il quale ebbi la fortuna di condividere non solo chilometri ma soprattutto emozioni uniche.
Il Rally era stato organizzato dall'Innocenti e dal Lambretta Club di Torino in modo molto dettagliato, avendo cura di tutti gli aspetti. Oltre ad una efficace ed efficiente assistenza meccanica e alla presenza di un ottimo presidio sanitario, l'Agip garantì costantemente il rifornimento della miscela, grazie a due grandi autobotti, che ci scortavano.
Conservo un ricordo indimenticabile del viaggio ad Istanbul e dei 4.000 chilometri percorsi; sono sempre stato un appassionato di Lambrette e in quell'occasione ebbi la fortuna di poter partecipare al rally gratuitamente, grazie al premio fedeltà concessomi dal Lambretta Club di Torino.
Anche se sono trascorsi quasi sessant'anni, questa esperienza rimarrà per sempre viva nel cuore di tutti i partecipanti.

Le impervie strade della Jugoslavia misero a dura prova le Lambretta... così come i loro piloti! Fortunatamente l'officina mobile seguiva da vicino i temerari, dando loro tutto l'appoggio necessario per la manutenzione dei mezzi.

The rough roads of Yugoslavia really put the Lambrettas and their riders to the test. Fortunately, the mobile workshop was always close to hand, offering our heroes the necessary support for the maintenance of their scooters.

Sopra, i tre moschettieri del Lambretta Club Italia: a sinistra, Villoresi, al centro Fumagalli e a destra il Dott. Felici. Sotto, un bel gruppo del Lambretta Club Milano posa sorridente in occasione della Rosa d'Inverno, raduno internazionale per l'Esposizione del Ciclo e Motociclo di Milano.

Above, the three musketeers of the Lambretta Club Italia: left, Villoresi, centre, Fumagalli and right, Dr. Felici. Below, a fine group from the Lambretta Club Milano smiles and poses on the occasion of the Rosa d'Inverno, an international rally at the Cycle and Motorcycle Show in Milan.

tisti, of various nationalities, were divided into two columns and were due to cover 2,481 km.

The seven stages presented various difficulties: in Turkey we had to tackle unpaved, muddy roads but we also took the Zagreb-Belgrade motorway, 400 km of reinforced concrete, at a temperature of over 40°C... Fortunately, the return journey was less problematic and less tiring.

On the 8th of June all the Lambrettisti, along with our splendid Lambrettas of course, embarked on a ship heading for Athens. From here we covered the 221 km separating Athens from Patras and then once again took to the high seas, sailing from Patras to Brindisi. From here, it was another 113 km of riding to reach Bari and the final parade of this unforgettable rally: a tour around the streets of the city centre.

On the 12th of June "my" rally sadly drew to a close, although the small matter of another 1,000 km separated Bari from Turin; a long trip home with just one stop in Bologna. This time I was not completely alone: through to Bologna I rode in the company of another Lambrettista from Bolzano, whom I had met during the first evening in Trieste and with whom I had the good fortune of sharing not only kilometres but also unique emotions.

The rally had been organized by Innocenti and the Lambretta Club of Turin down to the last detail, with nothing left to chance. There was prompt and efficient mechanical servicing and excellent medical care, while Agip also ensured a constant supply of fuel and two-stoke oil mixture thanks to two large tankers that escorted us throughout.

I have very happy memories of the journey to Istanbul and the 4,000 km covered; I've always been a Lambretta enthusiast and on that occasion I was fortunate enough to participate in the rally free of charge thanks to the loyalty prize awarded to me by the Lambretta Club of Turin.

Even though 57 years have passed, that experience remains indelibly stamped in the hearts of all the participants.

Sempre nei primi anni Sessanta erano diventati di moda gli Audax e le gare di regolarità. Competizioni "leggere" che davano modo ai Lambrettisti di divertirsi, sfidandosi in prove a tempo, in assoluta sicurezza sulle strade più belle d'Italia.

La più famosa di tutte era certamente la Milano-Taranto, riedizione della vera gara che fu interrotta bruscamente nel 1957 dopo il tragico incidente avvenuto durante la Mille Miglia di quell'anno.

In questo caso la gara prevedeva un percorso di regolarità a tempo e non certo una pericolosa competizione di velocità assoluta.

Testimonial e speaker di eccezione Febo Conti, popolare conduttore televisivo che rallegrava la telecronaca con il suo spirito simpatico e gioviale.

Un'altra manifestazione che riuniva Lambrettisti da tutto il Paese era la tradizionale "Rosa d'Inverno", raduno motoristico organizzato dal Moto Club Milano in occasione della Fiera Internazionale del Ciclo e Motociclo.

Era un evento molto atteso perché venivano presentate le novità dell'anno ed era una bella occasione poterle vedere in anteprima. Non c'era ancora Internet e l'unica possibilità per poter ammirare tutta la produzione scooteristica Italiana dal vero era la Fiera di Milano.

La metà degli anni Sessanta vide però anche il triste declino dei Lambretta Club e delle loro iniziative; ormai l'auto era diventata un fenomeno di massa, sostituendosi allo scooter, che aveva regnato incontrastato del pieno degli anni Cinquanta.

Poco alla volta l'Innocenti ridusse la sua effettiva presenza nei Lambretta Club e, con una lettera del ???? annunciò la sospensione di tutte le attività sponsorizzate dalla azienda e la chiusura del Lambretta Club Italia.

Colgo l'occasione per avvisare i lettori che è in preparazione un importante libro sulla Storia dei Lambretta Club d'Italia, con una ricchissima documentazione originale dal 1948 al 1971.

Scritto da Giampiero Cola (presidente del Lambretta Club Italia) e con la collaborazione del sottoscritto, vi farà conoscere tutti gli aspetti meno noti della vita del Club, la loro organizzazione, come si divertivano, i regolamenti e, naturalmente, anche le manifestazioni più belle.

A fianco sopra, anche alcuni piloti del gentil sesso furono protagoniste della lunga maratona. La giovane Lina Sportelli, a sinistra nella foto, arrivò sesta in classifica generale, superando molti piloti maschi certamente più allenati di lei.
A fianco sotto, l'arrivo a Taranto era sempre un momento emozionate e felice. Dopo un viaggio di oltre mille chilometri, transitare sotto lo striscione del "Traguardo" era certamente una grande soddisfazione!

Above, a group of women riders played a leading role in the marathon. The young Lina Sportelli, on the left in the photo, finished 6th overall, beating numerous male riders who undoubtedly were more experienced than her.
Below, the arrival at Taranto was always an emotional, joyous moment. After a ride of over 1,000 km, passing under the "Traguardo" or "Finish" banner was without doubt enormously satisfying!

A destra, i soci del Lambretta Club Milano in occasione del Trofeo "Zingonia" del 1964. Il signore sulla destra con in mano la cartellina bianca era Fumagalli, grande pilota Lambretta e fervente organizzatore del club.

Right, the members of the Lambretta Club Milano on the occasion of the "Zingonia" Trophy in 1964. The gentleman on the right with the white card in his hand was Fumagalli, a great Lambretta rider and a fervent club organizer.

L'arrivo a Taranto

In the early Sixties Audax events and trials had become popular. "Light" competitions that allowed the Lambrettisti to enjoy themselves in time trials in absolute safety on some of Italy's most beautiful roads. The most famous of all was without doubt the Milan-Taranto, a revival of the true road race that was brusquely interrupted in 1957 following the tragic accident that occurred during the Mille Miglia of that year. In this case, the event involved a time trial route rather than a perilous race.

The face of the event and the announcer was Febo Conti, a popular television presenter who enlivened the commentary with his friendly, jovial manner.

Another event that brought together Lambrettisti from all over the country was the traditional "Rosa d'inverno", a rally organized by Milan's Moto Club on the occasion of the International Cycle and Motorcycle Fair. It was eagerly awaited event as it offered the chance of previews of all the novelties for the coming year. The Internet era was decades off and this was the only opportunity to admire the full range of Italian scooters presented in the flesh at the Milan trade fair.

The mid-Sixties instead saw the sad decline of the Lambretta Clubs and their initiatives; the car had now become a means of transport for the masses, replacing the scooter, which had reigned undisputed throughout the 1950s.

Innocenti gradually reduced its direct involvement with the Lambretta Clubs and with a letter dated ???? announced the suspension of all company sponsorships and the closure of the Lambretta Club Italia.

I would like to take this opportunity to announce to readers that a major book is being prepared about the history of the Italian Lambretta Clubs, with a wealth of original documentation from 1948 to 1971.

Written by Giampiero Cola (President of the Lambretta Club Italia) in collaboration with the undersigned, it will introduce you to all the less well-known aspect of life of the clubs, their organization, how they had fun, the rules and regulations and the best of their events.

Gli accessori

Gli accessori sono da sempre i protagonisti incontrastati di ogni Lambretta o Vespa che sia: cromati, colorati, sfacciati, esuberanti, belli o brutti hanno da sempre saputo conquistarsi un posto speciale nel variegato panorama scooteristico internazionale.
In Inghilterra sono considerati oggetti di culto, quasi da venerare e adorare come un simbolo religioso; i Mods, negli anni Sessanta, ne hanno rinsaldato il loro mito diventando un punto di riferimento mondiale di questa moda che ancora oggi è più viva che mai.

La Ulma di Torino è stata certamente una delle aziende di accessori più famosa, specialmente sul mercato estero, dove la qualità e il design italiano erano molto apprezzati.

Ulma of Turin was certainly one of the most famous accessory manufacturers, especially on the foreign markets where Italian quality and design were highly appreciated.

Accessories
suitable for LI - II 125 - 150 - 175

LAMBRETTA SLIMSTYLE - 62

ART.				
310	Stainless steel footboard extensions	£2	5	0
319	Stainless steel wing protectors	£2	5	0
325	Explorer bumper	£2	5	0
368	Shield fitting mirror	£1	1	0
403	One piece mats grey-Red-Blue-Black-Green	£2	0	0
421	Twin tube rear crash bars	£3	3	0
427	Double chrome shield protectors	£3	3	0
430	Stainless shield protectors	£1	10	0
445	Handlebar Fitting mirror		18	9
453	Suspension box covers		15	0
463	Compartment with keys	£4	10	0
465	Delux horn cover	£1	10	0
479	Chrome rear carrier horizontal	£4	10	0
495	Rear folding carrier	£4	15	0
195	Front carrier	£3	17	6

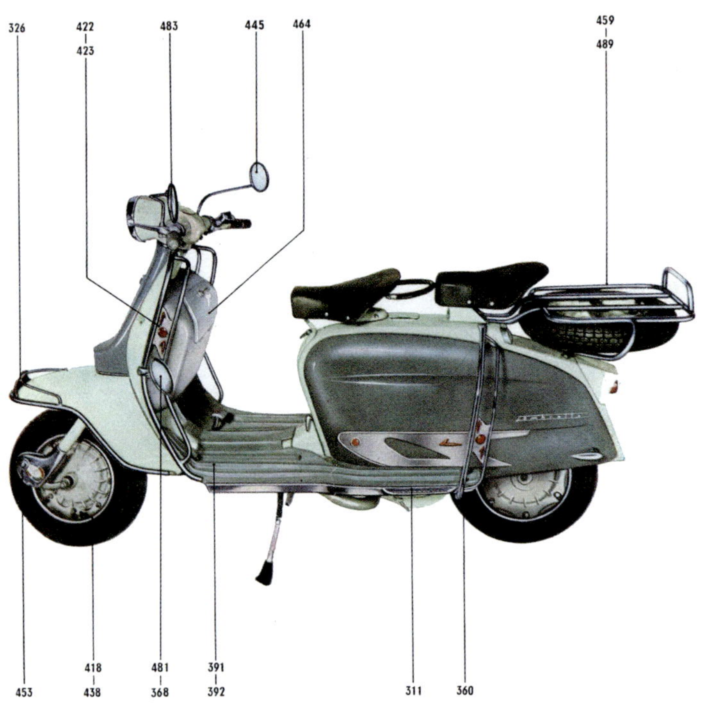

publigraf TORINO

TRADE ONLY  SUPPLIED

NANNUCCI LTD
5/6 NEWMAN PASSAGE
LONDON W. 1
PHONE MUSEUM 8112/6644

The accessories

In Italia, invece, la ditta regina per gli accessori Lambretta era la Viganò di Inverigo (Como), che aveva anche un contratto in esclusiva con la Innocenti per la fornitura di accessori da montare direttamente in fabbrica per alcuni mercati esteri, Svizzera e Germania in particolare.

In Italy instead the queen of the Lambretta accessory market was Viganò of Inverigo (Como). Viganò instead had an exclusive contract with Innocenti to supply accessories that were fitted directly in the factory for certain foreign markets, Switzerland and Germany in particular.

Accessories have always been a key feature of all Lambrettas and Vespas: chrome-plated, coloured, cheeky, exuberant, beautiful or ugly, they have always managed to carve out a special niche on the variegated international scooter scene.
In Great Britain they are cult objects, venerated and adored almost like religious symbols; in the Sixties, the Mods cemented their reputation and became a worldwide point of reference for a fashion that is still flourishing today.
At that time, the accessories business was booming, demand was very strong and many Italian companies threw themselves into this new venture, offering an incredi-

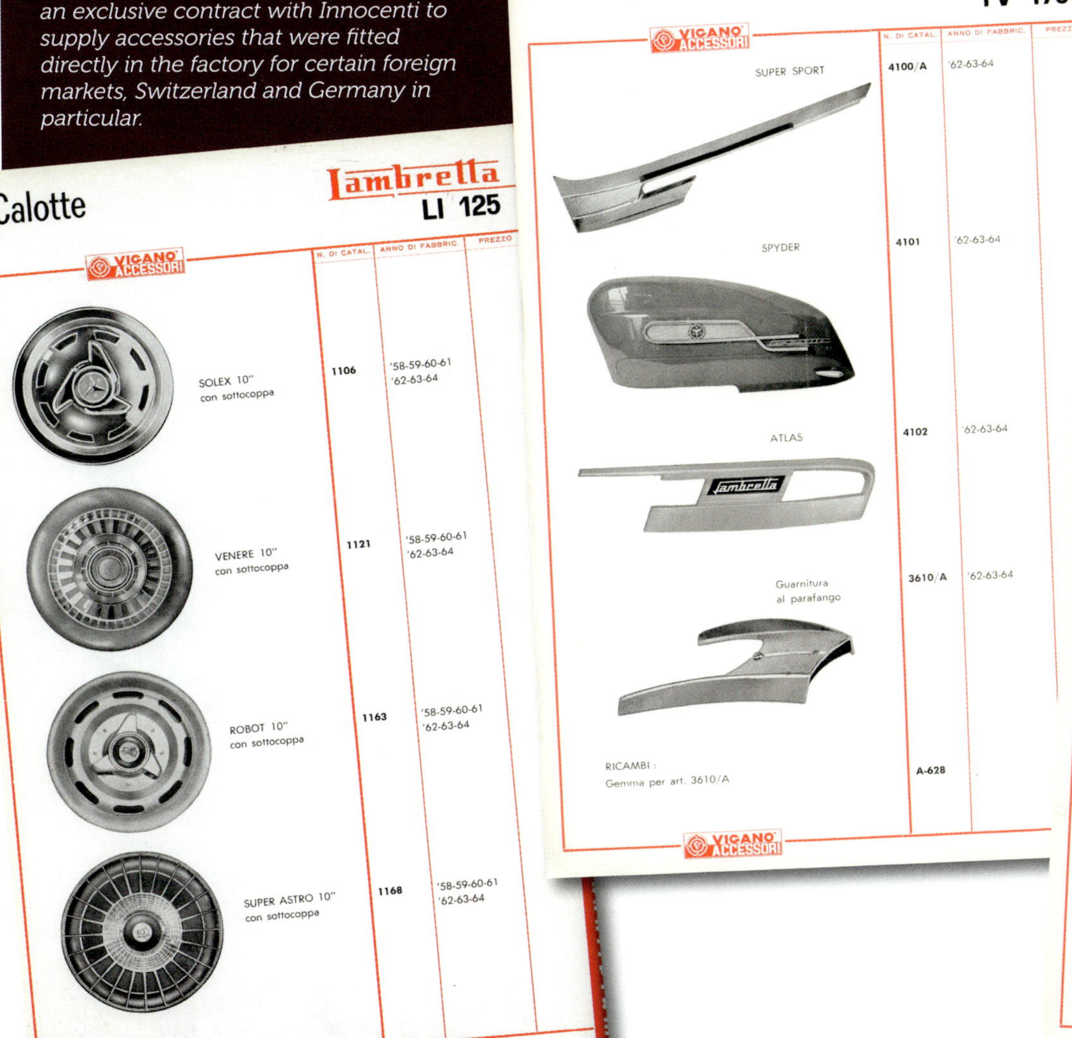

Calotte — Lambretta LI 125 — Viganò Accessori

	N. di catal.	Anno di fabbric.	Prezzo
SOLEX 10" con sottocoppa	1106	'58-59-60-61 '62-63-64	
VENERE 10" con sottocoppa	1121	'58-59-60-61 '62-63-64	
ROBOT 10" con sottocoppa	1163	'58-59-60-61 '62-63-64	
SUPER ASTRO 10" con sottocoppa	1168	'58-59-60-61 '62-63-64	

Convogliatori - Salvascocche — Lambretta TV 175 — Viganò Accessori

	N. di catal.	Anno di fabbric.	Prezzo
SUPER SPORT	4100/A	'62-63-64	
SPYDER	4101	'62-63-64	
ATLAS	4102	'62-63-64	
Guarnitura al parafango	3610/A	'62-63-64	
RICAMBI: Gemma per art. 3610/A	A-628		

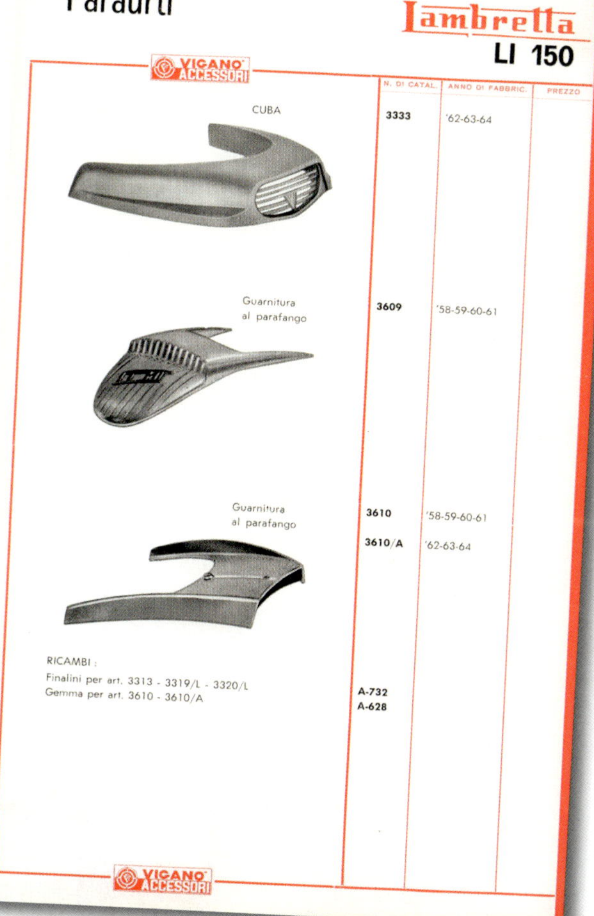

Paraurti — Lambretta LI 150 — Viganò Accessori

	N. di catal.	Anno di fabbric.	Prezzo
CUBA	3333	'62-63-64	
Guarnitura al parafango	3609	'58-59-60-61	
Guarnitura al parafango	3610	'58-59-60-61	
	3610/A	'62-63-64	
RICAMBI: Finalini per art. 3313 - 3319/L - 3320/L	A-732		
Gemma per art. 3610 - 3610/A	A-628		

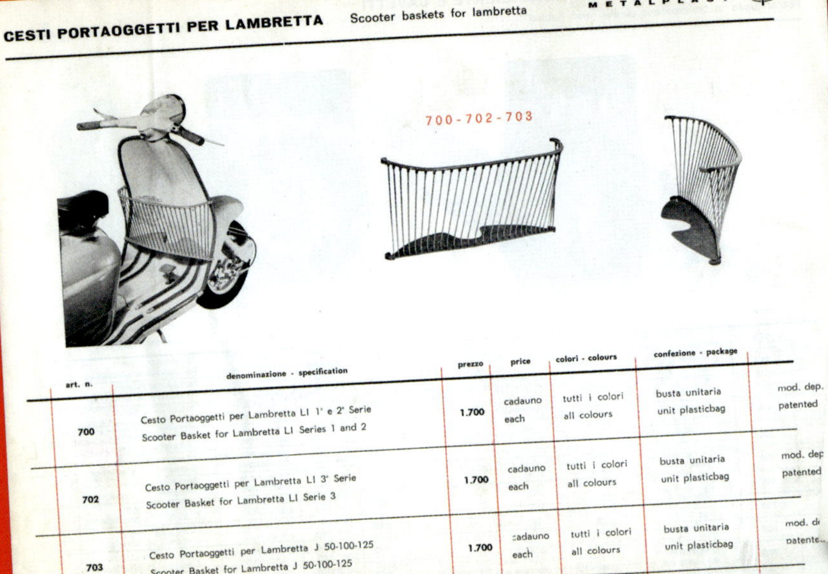

CESTI PORTAOGGETTI PER LAMBRETTA Scooter baskets for lambretta — METALPLAST

art. n.	denominazione - specification	prezzo	price	colori - colours	confezione - package	
700	Cesto Portaoggetti per Lambretta LI 1ª e 2ª Serie Scooter Basket for Lambretta LI Series 1 and 2	1.700	cadauno each	tutti i colori all colours	busta unitaria unit plasticbag	mod. dep. patented
702	Cesto Portaoggetti per Lambretta LI 3ª Serie Scooter Basket for Lambretta LI Serie 3	1.700	cadauno each	tutti i colori all colours	busta unitaria unit plasticbag	mod. dep patented
703	Cesto Portaoggetti per Lambretta J 50-100-125 Scooter Basket for Lambretta J 50-100-125	1.700	cadauno each	tutti i colori all colours	busta unitaria unit plasticbag	mod. d patente

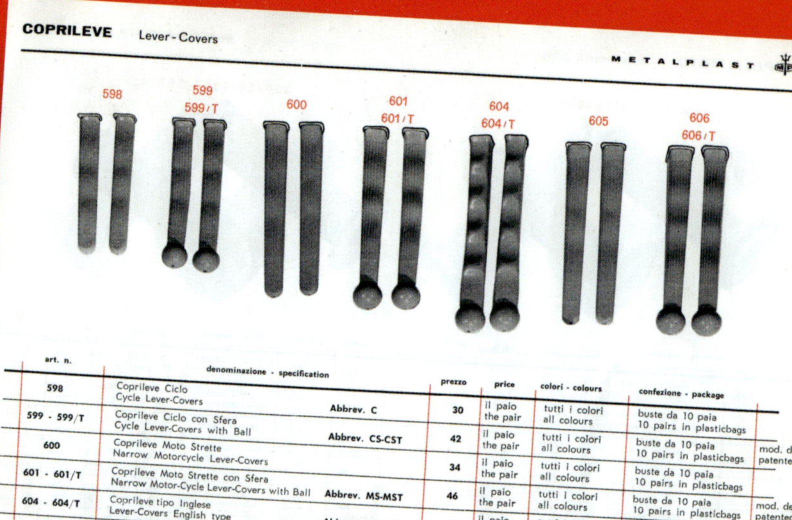

COPRILEVE Lever - Covers — METALPLAST

art. n.	denominazione - specification		prezzo	price	colori - colours	confezione - package	
598	Coprileve Ciclo Cycle Lever-Covers	Abbrev. C	30	il paio the pair	tutti i colori all colours	buste da 10 paia 10 pairs in plasticbags	
599 - 599/T	Coprileve Ciclo con Sfera Cycle Lever-Covers with Ball	Abbrev. CS-CST	42	il paio the pair	tutti i colori all colours	buste da 10 paia 10 pairs in plasticbags	
600	Coprileve Moto Strette Narrow Motorcycle Lever-Covers		34	il paio the pair	tutti i colori all colours	buste da 10 paia 10 pairs in plasticbags	mod. dep. patented
601 - 601/T	Coprileve Moto Strette con Sfera Narrow Motor-Cycle Lever-Covers with Ball	Abbrev. MS-MST	46	il paio the pair	tutti i colori all colours	buste da 10 paia 10 pairs in plasticbags	
604 - 604/T	Coprileve tipo Inglese Lever-Covers English type	Abbrev. I - IT	62	il paio the pair	tutti i colori all colours	buste da 10 paia 10 pairs in plasticbags	mod. dep. patented
605	Coprileve Moto Larghe Wide Motor-Cycle Lever-Covers		42	il paio the pair	tutti i colori all colours	buste da 10 paia 10 pairs in plasticbags	mod. dep. patented
606 - 606/T	Coprileve Moto Larghe con Sfera Wide Motor-Cycle Lever-Covers with Ball	Abbrev. ML-MLT	54	il paio the pair	tutti i colori all colours	buste da 10 paia 10 pairs in plasticbags	mod. dep. patented

Ordinando Manopole Superflex, Speed-Way, Pullman, ecc. con coprileve, indicare la sigla di abbreviazione, dopo il n.° di catalogo della manopola richiesta.
When Grips such as Superflex, Speed-way, Pullman, etc. are required complete with lever-covers, please add the Abbreviation-marks to the Catologue N., of the grips.

Molto popolari erano i cestini da applicare all'interno dello scudo, che davano la possibilità di caricare molti oggetti senza per questo sacrificare la posizione di guida.

Baskets to be fitted to the inside of the leg shield were very popular as they allowed multiple objects to be carried without compromising the riding position.

All'epoca era un business molto florido, la richiesta era altissima e molte aziende italiane si gettarono a capofitto in questo nuovo mercato, offrendo un'incredibile varietà di articoli che ancora oggi è difficile da classificare.

Praticamente in ogni regione d'Italia erano presenti una o più ditte specializzate nella produzione di accessori per scooter che distribuivano sul mercato locale e, nel caso di aziende più importanti, anche su quello internazionale.

I marchi più noti e prestigiosi erano la Ulma di Torino, la Super di Firenze, la Viganò di Inverigo, la Nino Cavalli (Falbo) di Milano e la Cuppini di Bologna.

Stranamente Innocenti non si interessò mai di creare una linea dedicata e personale di accessori, ma preferì appoggiarsi alla Viganò, che era diventato il fornitore ufficiale di accessori per Lambretta.

I tappeti erano invece prodotti dalla Gev di Torino, da sempre fornitore della Innocenti per tutti i tappeti in gomma, anche per le autovetture.

Per alcuni mercati esteri più esigenti, vedi Svizzera o Germania, la Innocenti preparava le Lambretta già

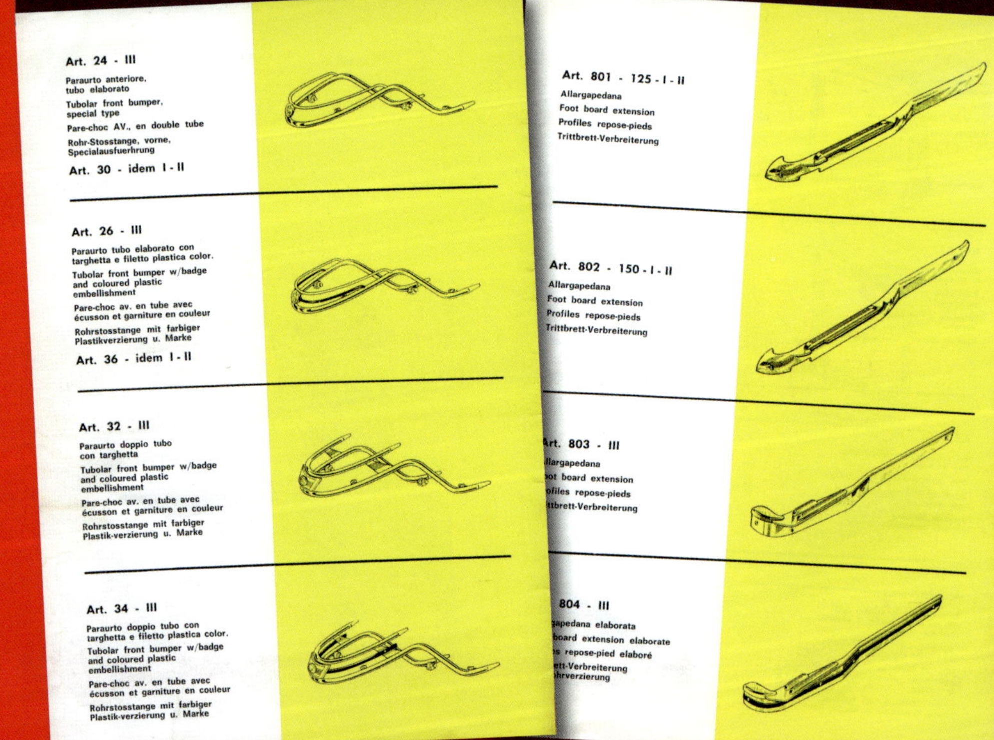

Art. 24 - III
Paraurto anteriore, tubo elaborato
Tubolar front bumper, special type
Pare-choc AV., en double tube
Rohr-Stosstange, vorne, Specialausfuerhrung
Art. 30 - idem I - II

Art. 26 - III
Paraurto tubo elaborato con targhetta e filetto plastica color.
Tubolar front bumper w/badge and coloured plastic embellishment
Pare-choc av. en tube avec écusson et garniture en couleur
Rohrstosstange mit farbiger Plastikverzierung u. Marke
Art. 36 - idem I - II

Art. 32 - III
Paraurto doppio tubo con targhetta
Tubolar front bumper w/badge and coloured plastic embellishment
Pare-choc av. en tube avec écusson et garniture en couleur
Rohrstosstange mit farbiger Plastik-verzierung u. Marke

Art. 34 - III
Paraurto doppio tubo con targhetta e filetto plastica color.
Tubolar front bumper w/badge and coloured plastic embellishment
Pare-choc av. en tube avec écusson et garniture en couleur
Rohrstosstange mit farbiger Plastik-verzierung u. Marke

Art. 801 - 125 - I - II
Allargapedana
Foot board extension
Profiles repose-pieds
Trittbrett-Verbreiterung

Art. 802 - 150 - I - II
Allargapedana
Foot board extension
Profiles repose-pieds
Trittbrett-Verbreiterung

rt. 803 - III
llargapedana
oot board extension
ofiles repose-pieds
ttbrett-Verbreiterung

804 - III
apedana elaborata
board extension elaborate
s repose-pied elaboré
ett-Verbreiterung
hrverzierung

PARAURTI - BUMPER - PARECHOCS

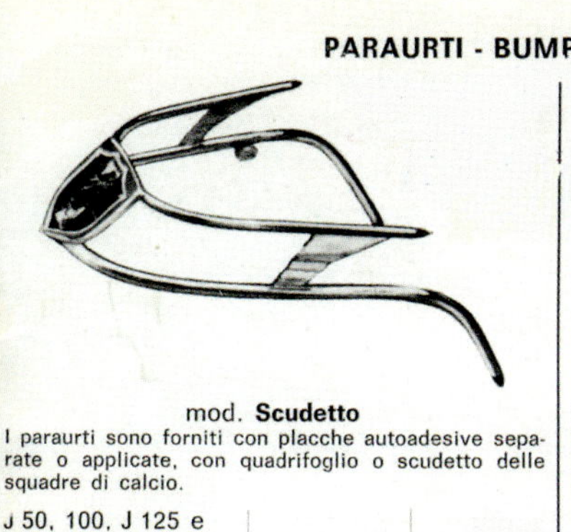

mod. **Scudetto**

I paraurti sono forniti con placche autoadesive separate o applicate, con quadrifoglio o scudetto delle squadre di calcio.

J 50, 100, J 125 e 125 4M, Special e T.V. 3ª s.	LA 782	L. **1.900**
L.I. 125 e 150 3ª s.	LA 783	» **1.900**

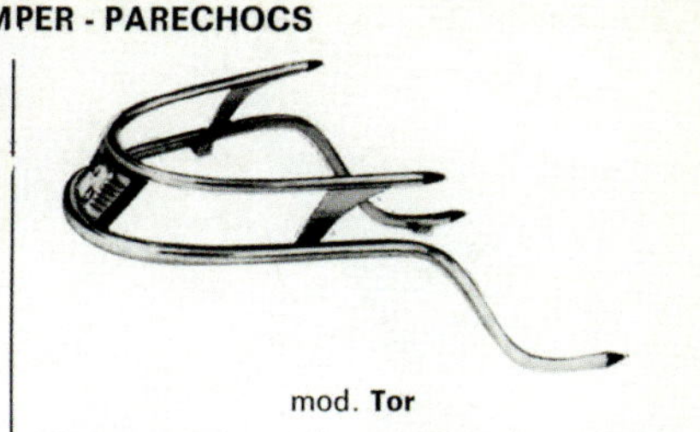

mod. **Tor**

L.I. 125 e 150 3ª s.	LA 784	L. **2.600**
Special e T.V.	LA 785	» **2.600**
J 50, 100, J 125 e 125 4M	LA 786	» **1.900**

mod. **Astrale**

J 50, 100, J 125 e 125 4M Special e T.V. 3ª s.	LA 790	L. **1.600**
L.I. 125 e 150 3ª s.	LA 791	» **1.600**

mod. **Europa**

J 50, 100, J 125 e 125 4M, Special e T.V. 3ª s.	LA 797	L. **1.500**
L.I. 125 e 150 3ª s.	LA 796	» **1.500**

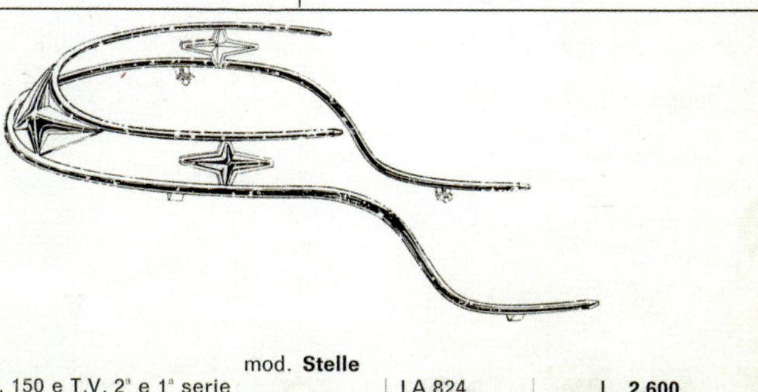

mod. **Stelle**

L.I. 125, 150 e T.V. 2ª e 1ª serie	LA 824	L. **2.600**

11

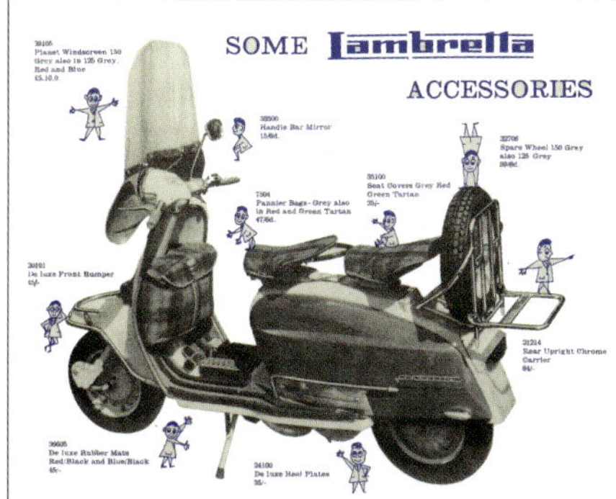

Lambretta PRICE LIST

September 1962

MODEL	BASIC	P/TAX	TOTAL
Slimstyle '125'	£ 120· 8· 4	£24· 1· 8	£ 144· 10· 0
Current '150'	£ 133· 4· 7	£26·12·11	£ 159· 17· 6
Slimstyle '150'	£ 141·11· 3	£28· 6· 3	£ 169· 17· 6
Pillion Seat for above models	£ 2· 19· 3	11s·10	£ 3· 11· 1
Dual Seat for above models	£ 3· 5· 4	13s· 0	£ 3· 18· 4
Slimstyle '175'	£158· 4· 7	£31· 12· 11	£189· 17· 6
Box Sidecar c/w chassis and brake	£ 57·10· 0	—	£ 57· 10· 0
Sidecar Chassis only c/w brake	£ 24· 9· 1	£ 5· 0· 11	£ 29· 10· 0

The manufacturers reserve the right to alter prices and specifications without prior notice.

E. W. BURNETT & SON

SOUTHSEA

Lambretta *Price List*

MODEL	BASIC	P/TAX	TOTAL
Cento '100'	£ 91 15 8	£18 1 10	£109 17 6
Slimstyle '125'	£112 6 9	£22 10 9	£134 17 6 PILLION EXTRA
Slimstyle '150'	£133 17 2	£26 0 4	£159 17 6 PILLION EXTRA
Slimstyle '150' Gran Luxe WITH CHROME SIDE PANELS	£142 4 7	£27 12 11	£169 17 6 INC. PILLION
Slimstyle '150' Special Pacemaker ALL GREY	£148 12 3	£28 17 9	£177 10 0 INC. DUAL SEAT
Slimstyle '150' Special Pacemaker WITH COLOURED SIDE PANELS	£150 12 1	£29 5 5	£179 17 6 INC. DUAL SEAT
G.T. 200	£167 6 11	£32 10 7	£199 17 6 INC. DUAL SEAT
Box Sidecar c/w chassis and brake	£ 57 10 0	— — —	£ 57 10 0
Sidecar chassis only c/w brake	£ 24 16 7	£ 4 13 5	£ 29 10 0

The above prices apply from March 1st. 1964 until further notice. The manufacturers reserve the right to alter prices and specifications without prior notice.

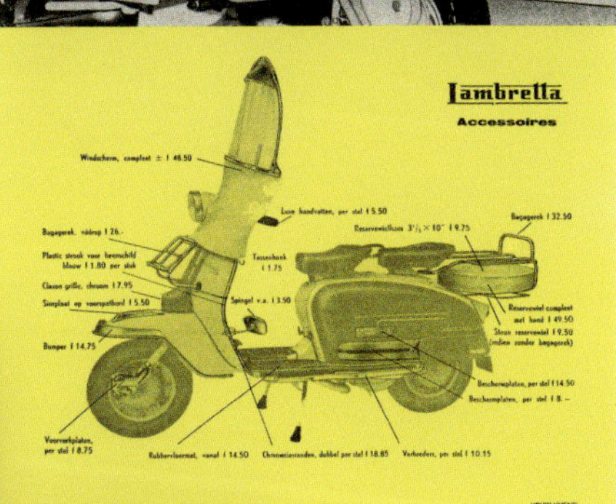

J. Leonard Lang's Automobielbedrijven n.v.

STADHOUDERSKADE 113 - AMSTERDAM-Z. - TELEFOON 730867

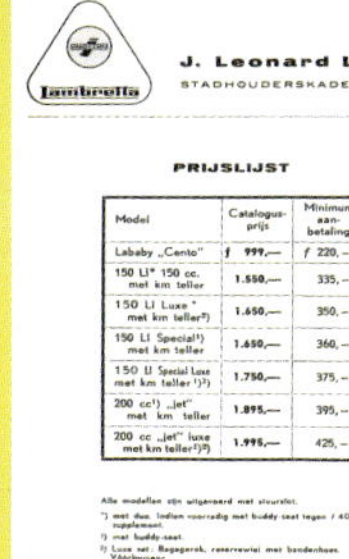

PRIJSLIJST

Model	Catalogus-prijs	Minimum aan-betaling
Lababy „Cento"	f 999,—	f 220,–
150 LI* 150 cc. met km teller	1.550,—	335,–
150 LI Luxe* met km teller²)	1.650,—	350,–
150 LI Special¹) met km teller	1.650,—	360,–
150 LI Special Luxe met km teller ¹)²)	1.750,—	375,–
200 cc¹) „jet" met km teller	1.895,—	395,–
200 cc „jet" luxe met km teller¹)²)	1.995,—	425,–

Vrijblijvend

5000-5-'66

Slechts 4 % per jaar betaalt u met het nieuwe financieringsschema van Lambretta

Financiering inclusief f 5.– kosten

te financieren bedrag	6 term. à	12 term. à	18 term. à	24 term. à
f 100,–	f 17,85	f 9,10	f 6,18	f 4,73
200,–	34,85	17,77	12,07	9,23
300,–	51,85	26,43	17,96	13,73
400,–	68,85	35,10	23,85	18,23
500,–	85,85	43,77	29,74	22,73
600,–	102,85	52,43	35,63	27,23
700,–	119,85	61,10	41,52	31,73
800,–	136,85	69,77	47,41	36,23
900,–	153,85	78,43	53,29	40,73
1000,–	170,85	87,10	59,18	45,23
1100,–	187,85	95,76	65,07	49,73
1200,–	204,85	104,43	70,96	54,23
1300,–	221,85	113,10	76,85	58,73

Il profilo cromato da applicare sul parafango anteriore era un'altro accessorio molto comune all'epoca. Il parafango fisso della Lambretta era facilmente soggetto ad urti e crepe e il paraurto cromato era una soluzione efficace per proteggerlo e renderlo ancor più elegante.

The chrome trim to be fitted to the front bumper was another very popular accessory at that time. The Lambretta's fixed mudguard was easily dented and cracked and the chrome bumper was an effective and particularly elegant way of protecting it.

ble variety of articles that still today is difficult to classify.
In practice, every region of Italy boasted one or more firms specialising in the production of accessories for scooters which they distributed on the local market and in the case of the larger concerns, on the international market too.
The best known and most prestigious names were Ulma of Turin, Super of Florence, Viganò of Inverigo, Nino Cavalli (Falbo) of Milan and Cuppini of Bologna.

allestite con una serie di accessori della Viganò: copri forcella, allarga pedane e, in alcuni casi, paraurti anteriore e porta ruota.
Molto di moda erano anche i dischi copriruota cromati, che si ispiravano alle possenti auto americane, e il cestino all'interno scudo, pratico porta-tutto durante le felici gite domenicali.
Un altro utilissimo accessorio era la protezione in gomma delle leve al manubrio; costruite in alluminio, le leve sporcavano facilmente le dita lasciando un fastidioso color nero fumo. Le protezioni in gomma erano indubbiamente un valido aiuto a proteggere le dita e a migliorare la presa in caso di pioggia.

La Metalplast di Bologna era specializzata nella produzione di particolari in gomma e le protezioni alle leve erano un prodotto della loro gamma, molto conosciuto ed apprezzato.
Ultimo, ma non meno importante, era lo specchio retrovisore; purtroppo Innocenti non aveva previsto nessun attacco per poter fissare questo importante accessorio al manubrio, e quindi l'unico modello adattabile era quello da fissare al bordo scudo.
Non era certamente pratico e sicuro, ma era l'unica possibilità per non mettere l'orrendo morsetto in metallo al manubrio che serviva anche da supporto alle staffe del parabrezza.

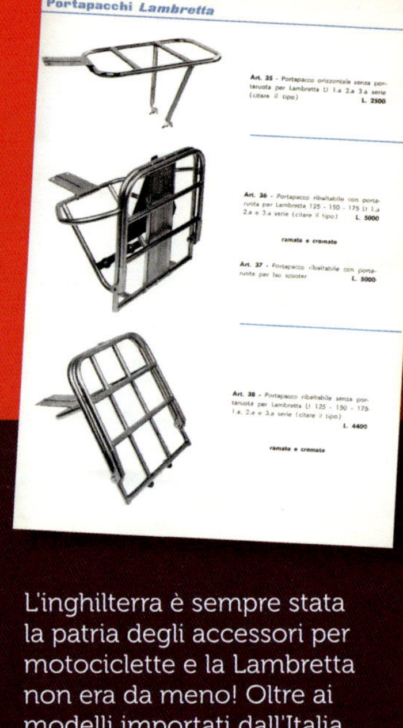

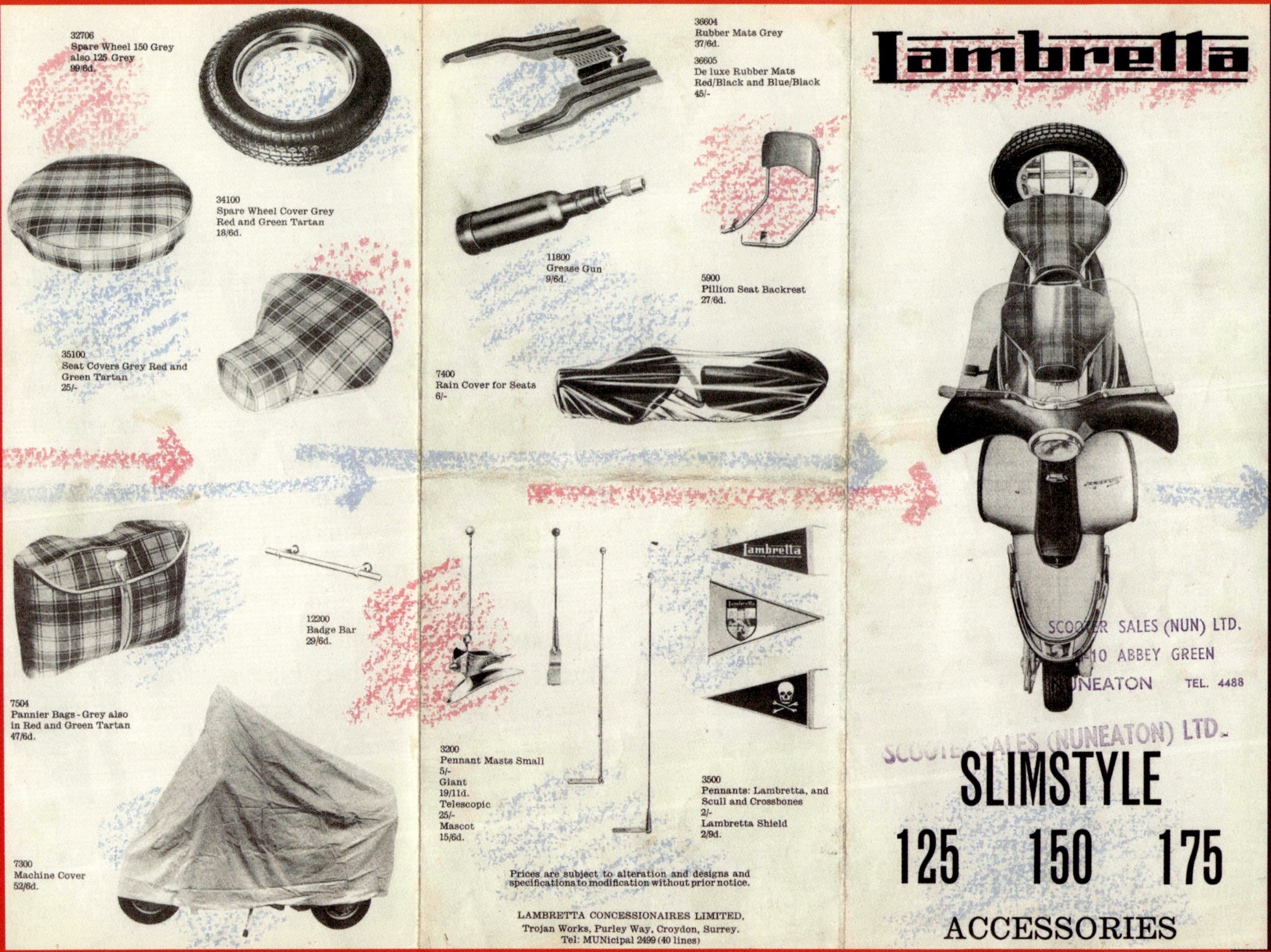

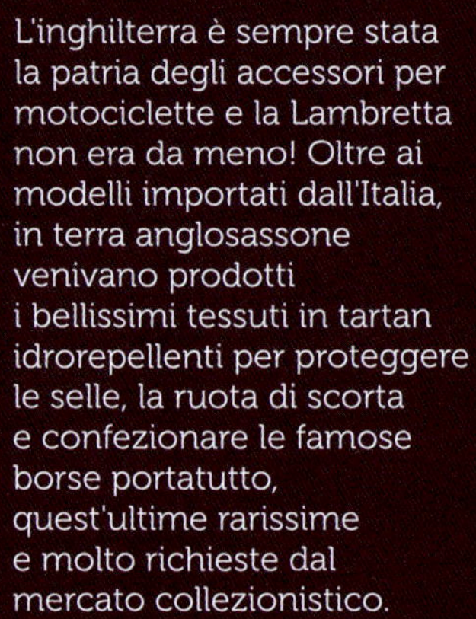

32706 Spare Wheel 150 Grey also 125 Grey 99/6d.
34100 Spare Wheel Cover Grey Red and Green Tartan 18/6d.
35100 Seat Covers Grey Red and Green Tartan 25/-
12200 Badge Bar 29/6d.
7504 Pannier Bags - Grey also in Red and Green Tartan 47/6d.
7300 Machine Cover 52/6d.
36604 Rubber Mats Grey 37/6d.
36605 De luxe Rubber Mats Red/Black and Blue/Black 45/-
11800 Grease Gun 9/6d.
5900 Pillion Seat Backrest 27/6d.
7400 Rain Cover for Seats 6/-
3200 Pennant Masts Small 5/- Giant 19/11d. Telescopic 25/- Mascot 15/6d.
3500 Pennants: Lambretta, and Scull and Crossbones 2/- Lambretta Shield 2/9d.
Prices are subject to alteration and designs and specifications to modification without prior notice.
LAMBRETTA CONCESSIONAIRES LIMITED, Trojan Works, Purley Way, Croydon, Surrey. Tel: MUNicipal 2499 (40 lines)

Lambretta
SCOOTER SALES (NUN) LTD. 10 ABBEY GREEN NUNEATON TEL. 4488
SCOOTER SALES (NUNEATON) LTD.
SLIMSTYLE
125 150 175
ACCESSORIES

L'inghilterra è sempre stata la patria degli accessori per motociclette e la Lambretta non era da meno! Oltre ai modelli importati dall'Italia, in terra anglosassone venivano prodotti i bellissimi tessuti in tartan idrorepellenti per proteggere le selle, la ruota di scorta e confezionare le famose borse portatutto, quest'ultime rarissime e molto richieste dal mercato collezionistico.

Great Britain was always the place for accessories for two-wheelers and the Lambretta was no exception! Along with the products imported from Italy, others were produced locally including the beautiful tartan water repellent fabrics used to protect the saddle and the spare wheel and to make the famous carryalls, these last very rare and in great demand among collectors.

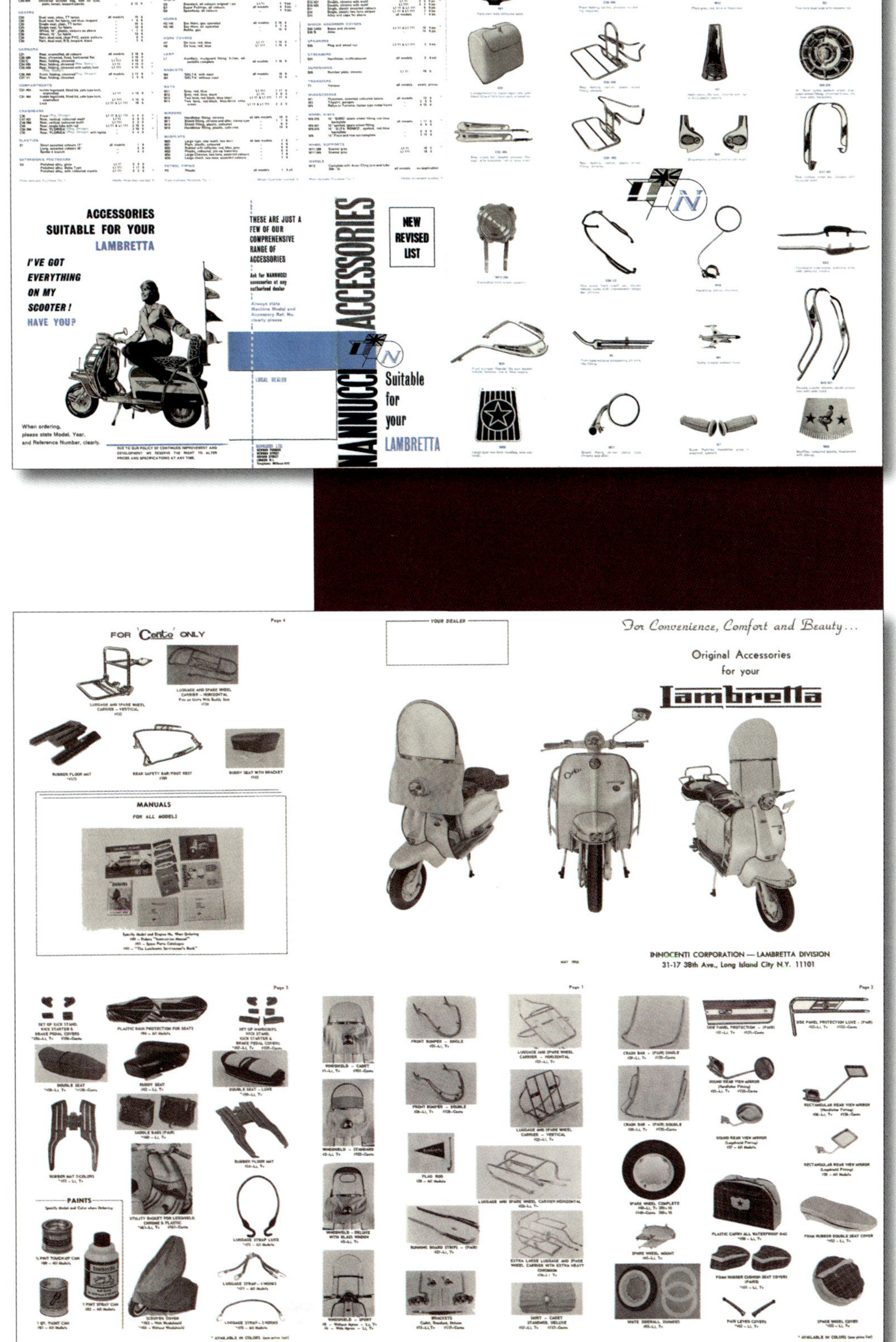

Strangely, Innocenti itself never sought to create its own line of dedicated and personal accessories, preferring to rely on Viganò, which had become the official supplier of accessories for the Lambretta.
The mats were instead produced by Gev of Turin, which had always supplied all the rubber mats for Innocenti, including those for the cars.
On a number of the most demanding international markets such as Switzerland and Germany, Innocenti prepared Lambrettas already equipped with a series of Viganò accessories: fork covers, footboard extensions and, in some cases, front bumpers and wheel carriers.
Chrome-plated wheel covers inspired by those of the powerful American cars were very fashionable, as were baskets on the inside of the leg-shield, practical carry-alls for carefree Sunday trips.
Another extremely useful accessory were rubber sheathes for the handlebar levers; made of aluminium, the levers tended to leave annoying smoky black stains on the fingers. As well as protecting the fingers these rubber sheathes also improved grip in wet conditions.
Metalplast of Bologna was a firm specialising in the production of rubber items and the sheathes were a product from their range, very well-known and very popular.
Last but certainly not least was the rear-view mirror; unfortunately, Innocenti had not thought to provide a mounting point for this important accessory on the handlebar and so the only model adaptable was the one to be attached to the edge of the leg shield.
This was neither practical not secure, but was the only way of avoiding the horrendous metal clamp on the handlebar that also served as a support for the windscreen brackets.

Lambretta 175 TV dorata

Curiosità

Per promuovere adeguatamente la nuova Terza serie vennero contattate diverse star della televisione, del cinema e delle spettacolo per fare da testimonial durante le campagne pubblicitarie e le promozioni televisive. Prima fra tutte la famosa attrice americana Jayne Mansfield, che venne appositamente in Italia per un corposo servizio fotografico con tutti i nuovi modelli della Terza serie. Era una attrice molto conosciuta nel mondo dello spettacolo, una sex symbol degli anni Cinquanta seconda solo a Marilyn Monroe; era molto famosa anche per le generose dimensioni del suo seno!
Come parziale compenso per il lavoro svolto alla Innocenti, Jayne chiese una Lambretta tutta dorata da usare sulle strade di Hollywood.
Purtroppo la sua prematura fine non consentì alla Innocenti di consegnare la tanto sospirata Lambretta e così il mezzo rimase all'interno della fabbrica per oltre vent'anni.
Quando andai a ritirare tutto l'archivio della famiglia, trovai in un angolo della fabbrica una scatola enorme di colore verde; l'aprii con curiosità e rimasi profondamente meravigliato nel vedere una Lambretta tutta dorata, nuova fiammante e perfettamente imballata! Era la Lambretta di Jayne, pronta per essere spedita negli Stati Uniti e invece rimasta in quell'angolo del capannone per tutto quel tempo. Un sonno durato più di vent'anni che ora, "resuscitata" più viva che mai, fa bella mostra nel museo Scooter&Lambretta di Rodano. Guardando attentamente la Lambretta si può notare che il parafango anteriore è quello della LI e non il tipo squadrato tipico della TV; questo perché il parafango della 175 era stato realizzato in fiberglass e non era possibile procedere al trattamento di doratura galvanica.Tutto il resto è stato dorato in maniera maniacale, un lavoro lungo e complesso che ha messo a dura prova il reparto sperimentale della Innocenti.L'unico particolare non originale è la marmitta, perché era completamente marcita e causa degli acidi della galvanica che erano rimasti all'interno della scatola, assorbiti dal tessuto antirumore.

L'incredibile Lambretta 175TV placcata d'oro della attrice americana Jayne Mansfield. Il lavoro di doratura è stato eseguito in maniera maniacale, tutte le viti, le ranelle e i particolari più piccoli sono stati pazientemente puliti e dorati. Solo le parti in gomma, la sella e il carburatore non hanno ricevuto il prezioso trattamento. La sella era stata confezionata con una speciale fintapelle di colore verde scuro, che sarà in seguito utilizzata sulla150 Special Golden.

The incredible gold-plated Lambretta 175TV made for the American actress Jayne Mansfield. The gilding was carried out with painstaking care, all the screws, washers and smallest details being patiently cleaned and plated. Only the parts in rubber, the saddle and the carburettor were left untreated. The saddle was upholstered in a special dark green imitation leather that was subsequently to be used on the 150 Special Golden.

Curiosity

The Golden Lambretta 175 TV

In order to promote the new Series III to best effect, numerous stars of stage and screen were called to act as faces during the press and television advertising campaigns. In the vanguard was the American actress Jayne Mansfield who was brought to Italy to be photographed for a major reportage involving all the new Series III models. At the time she was an extremely well known international star, a sex symbol of the 1950s, second only to Marilyn Monroe and particularly famous for her generous curves! As partial payment for the work undertaken for Innocenti, Jayne asked for a gold-plated Lambretta she could ride on the streets of Hollywood. Sadly, her premature death prevented Innocenti from delivering the eagerly awaited Lambretta which therefore remained in the factory for over 20 years. When I went to collect the family archive I found an enormous green box in a corner of the factory; I was naturally curious, opened it up and was stunned to find an all-gold Lambretta, brand sparkling new and perfectly packed. It was Jayne's Lambretta, ready to be sent to the USA but stranded in that corner of the shed for all that time. After hibernating for two long decades, the scooter has now been "resuscitated" and cuts a fine figure on display at the Scooter&Lambretta museum in Rodano. Looking carefully at this Lambretta you will see that the front mudguard is from the LI and not the more angular version typical of the TV; this is because the mudguard of the 175 was made of fibreglass and could not be given the galvanic gilding treatment. All the rest had been subjected to painstaking gold-plating, a long and complex operation that really put the Innocenti experimental department to the test. The only non-original part is the silencer as it had been severely corroded by the galvanizing acids that had remained in the chamber, absorbed by the sound-deadening material.

Carrello Lambretta

Per stimolare i concessionari a promuovere la rinnovata Scooterlinea '62 l'Innocenti propose un interessante roulotte attrezzata, una vetrina mobile che avrebbe dovuto far conoscere la nuova Lambretta anche nelle zone più lontane e meno accessibili.
Una specie di espositore carrellato, semplice e funzionale, adeguatamente accessoriato con depliant, manifesti e cartoline pubblicitarie per incuriosire il pubblico ed avvicinarlo al mondo Lambretta.
Un'idea certamente molto interessante e innovativa, che però era completamente a carico dei concessionari; e questa fu certo la prima ragione del mancato successo di questa simpatica iniziativa.
Attualmente l'unico esemplare conosciuto e conservato in buono stato si trova nel Piemonte, custodito gelosamente da un appassionato lambrettista.

Un'idea certamente innovativa il carrello Lambretta da esposizione; consentiva al concessionario di poter promuovere lo scooter anche in zone lontane dal proprio negozio, approfittando delle allegre feste paesane.

The Lambretta display trailer was certainly an innovative idea; it allowed dealers to promote the scooter in areas far from their bases, taking advantage for example of country fairs.

LI o SX ?

La storia della Lambretta e dei suoi modelli prodotti è ormai ben conosciuta ed apprezzata da tutti gli appassionati lambrettisti; nello stendere il mio primo libro sulla Lambretta avevo cercato di descrivere con attenzione tutti i modelli prodotti dal 1947 al 1971, sempre aiutato dai documenti ufficiali Innocenti e dai consuntivi di produzione, importantissimi per censire e verificare la vera storia produttiva di ogni modello.
Ma, come dice un famoso detto "non si è mai finito di imparare", anche la Lambretta mi ha fatto un piccolo scherzetto, nascondendomi nelle pieghe dei documenti un modello mai registrato sui miei libri.
In effetti una piccola traccia (e anche l'unica) l'avevo già trovata anni fa, ma non avevo capito il significato; sul catalogo colori del 1968 erano specificati i vari modelli con la corrispondenza del colore disponibile e, nella parte finale, c'era una sigla un poco sibillina: LI 150 SX.

Inizialmente avevo pensato che il colore corrispondente a quella sigla fosse destinata sia alla 150 LI che alla 150 SX e non avevo dato importanza al fatto che le lettere erano state messe tutte assieme e non divise da un tratto, come per gli altri modelli.
Successivamente, parlando con alcuni amici Inglesi, venni a scoprire che in Gran Bretagna erano state vendute delle Lambrette con la carrozzeria della 150 LI ma con il telaio e il motore marchiate 150 SX.
Ecco scoperto il mistero, la Innocenti non si era sbagliata nel scrivere LI 150 SX, la denominazione era corretta. Sono io che non avevo capito!
Ma quindi, come la dobbiamo considerare: una 150 LI o una 150 SX?
Credo che sia più corretto inserirla nella sezione della LI Terza serie perché la carrozzeria è integralmente una LI e quindi anche esteticamente corrisponde ad una 150 LI a tutti gli effetti.

Lambretta INNOCENTI

N. Matricola
61050081 61059081
61050082 61059082
61050083 61059083
61050084 61059084
61050085 61059085
61050086 61059086
61050087 61059087
61050089 61059089

Una semplice sigla, LI 150 SX, che poteva sembrare un errore di battitura e che, invece, mi ha fatto scoprire un'altro modello Lambretta praticamente sconosciuto. Questa è una traccia, ma spero nel futuro di trovare ulteriore documentazione ufficiale che ci racconti il perché di questo strano modello. Lo prometto!

A simple sequence of letters and number, LI 150 LX, that might have seemed to be a typo but which instead allowed me to discover another virtually unknown Lambretta model. This is a clue, but in the future I hope to find further official documentation that explains how this unusual model came to be. Promise!

Colore	Tipo	Confezione
Verde Berillio 1968	Lambro 550 A	gr. 100 gr. 500
Giallo Ocra 1968	Lambro 550 A - Lambretta LI 150 - 200 SX	gr. 100 gr. 500
Beige 1968	Lambro 500 L	gr. 100 gr. 500
Rosso 1968	Lambrettino 48 SX - LI 150 SX - 75 sl	gr. 100 gr. 500
Arancione 1968	Lambretta 50 c - cl - 50 s	gr. 100 gr. 500
Turchese 1968	Lambrettino 48 SX - Lambretta 50 c - cl - 50 s	gr. 100 gr. 500
Biancospino 1968	Lambretta 50 c - cl - LI 150 SX - 200 SX	gr. 100 gr. 500
Bleu Ischia 1968	Lambrettino 48 SX - LI 150 SX - Fiancate 150 SX	gr. 100 gr. 500

Lambretta Trailer

Per stimolare i concessionari a promuovere la rinnovata Scooterlinea '62 a l'Innocenti propose un interessante roulotte attrezzata, una vetrina mobile che avrebbe dovuto far conoscere la nuova Lambretta anche nelle zone più lontane e meno accessibili.
Una specie di espositore carrellato, semplice e funzionale, adeguatamente accessoriato con depliant, manifesti e cartoline pubblicitarie per incuriosire il pubblico ed avvicinarlo al mondo Lambretta.
Una idea certamente molto interessante e innovativa, che però era completamente a carico dei concessionari; e questa fu certo la prima ragione del mancato successo di questa simpatica iniziativa.
Attualmente l'unico esemplare conosciuto e conservato in buono stato si trova nel Piemonte, custodito gelosamente da un appassionato lambrettista.

LI or SX ?

The history of the Innocenti scooter and the various versions produced is now well known the Lambretta enthusiasts: when writing my first book I had tried to draw attention to all the models produced between 1947 and 1971, assisted by the official Innocenti documents and production data, of great importance in analysing and verifying the true production history of each model.
But as the famous saying goes, "you never stop learning" and in fact Lambretta had a little joke in store for me, concealing in the piles of documents a model never recorded in my books.
In actual fact I had already found a minor mention (just the one in truth) some years previously, but I had not understood its significance; on the 1968 colour chart were indicated the various models with the corresponding colour schemes available and at the end was a rather enigmatic model name: LI 150 SX.

Le uniche modifiche rispetto alla classica LI sono le stesse introdotte sulla 125 LI4: cofani senza ganci, stemma rettangolare al frontale, bauletto in plastica, stemma posteriore Innocenti e forcella con tamponi ad incastro.
Purtroppo non sono riuscito a sapere quante di queste LI 150 SX siano state prodotte perché questo speciale modello era stato inserito nel consuntivo di produzione della SX, senza specificare le differenze. Certamente si tratta di numeri molto limitati, nell'ordine di qualche centinaia di esemplari costruiti nel 1968.
Rimane comunque un vero mistero del perché Innocenti abbia messo sul mercato un modello così assurdo, con la carrozzeria di una versione ormai fuori produzione ma con un motore sportivo e prestazionale che non aveva nulla a che vedere con una linea così superata.

125 LI3 carrozzeria portante

Tra i vari esperimenti per rinnovare la tecnica costruttiva della Lambretta era stato intrapreso lo studio di una carrozzeria portante, di evidente ispirazione vespistica. In effetti questi studi erano già stati sviluppati per la costruzione della nuova 175 TV Prima Serie ma poi, per cause a noi sconosciute, sono stati accantonati in favore di un più tradizionale telaio in tubo.
Nel 1961 fu presentato al Salone di Milano il prototipo della Lambretta 50, il primo modello proposto al pubblico con la carrozzeria portante.
Ed è in questo clima che viene considerata la possibilità di realizzare anche la serie LI con questo interessante metodo costruttivo.
Certamente non era un passo così facile, la Piaggio aveva accumulato più di quindici anni di esperienza in questo campo mentre per la Innocenti era un settore completamente nuovo, pieno di incertezze e difficoltà.

Particolare del gruppo motore della 125 LI a carrozzeria portante. Come si più vedere il motore non è lo stesso della 125 LI Terza serie ma è stato ampiamente rivisto, specialmente per ridurre i costi di produzione e poter offrire una 125 ad un prezzo più concorrenziale. Notare il mozzo con tre viti di fissaggio del cerchio e il coperchio volano con le viti fissate di fronte, modifiche poi adottate sulla successiva serie J.

A detail shot of the engine assembly of the 125 LI with monocoque bodywork. As you can see, the engine was not the same as that of the 125 LI Series III, but had been extensively revised, in particular to reduce production costs and offer a 125 at a more competitive price. Note the hub with three fixing screws on the rim and the flywheel cover with the screws on the front, modifications subsequently adopted on the J series.

Una bella immagine di una LI 150 SX perfettamente conservata in Inghilterra. All'aspetto sembra una normale 150 LI Terza serie ma poi, guardandola attentamente, si può notare l'assenza dei ganci cofani, lo stemma rettangolare sul frontale e la forcella con i tamponi senza viti. Una Lambretta molto interessante ma anche un poco misteriosa.

A fine show of a perfectly conserved LI 150 SX in England. Apparently a normal 150 LI Series III, looking carefully you note the absence of side panel clasps, the rectangular badge on the front and the fork with bump stops with no screws. A very interesting and rather mysterious Lambretta.

Initially I thought that the colour corresponding to that name was available for both the 150 LI and the 150 SX and had not given any thought to the fact that the letters ran consecutively, with no dividing dash as with the other models.
Later, talking to a group of British friends I discovered that in Great Britain a number of Lambrettas had been sold with the bodywork of the 150 LI but with the frame and engine with the 150 SX name.
The mystery was solved: Innocenti had not made a typo in writing LI 150 SX on the chart, the denomination was correct. I simply had not understood!
So, should we consider the model a 150 LI or a 150 SX? I believe it would be more correct to include it in the LI Series III section as the bodywork is that of an LI and therefore it corresponds perfectly in appearance to a 150 LI.
The only modifications compared with the classic LI were those also introduced on the 125 LI4: side panels with no clasps, a rectangular badge on the front panel, a plastic glovebox, an Innocenti badge at the rear and a fork with inset buffers.
Unfortunately I have been unable to discover how many of these LI 150 SXs were produced because this special model was included in the SX production data without specifying the differences.
Without doubt the number was very limited, in the order to a few hundred examples built in 1968.
It remains a mystery as to why Innocenti marketed such an absurd model, with the bodywork of an obsolete version but a sporting high performance engine that had nothing to do with such dated styling.

125 LI3 Monocoque Bodywork

Among the various experiments that attempted to renew the engineering of the Lambretta work began on the design of monocoque bodywork clearly inspired by the Vespa.
The designs had actually been developed in view of the construction of the new 175 TV Series I, but then for reasons unknown to us, were dropped in favour of a more traditional tubular chassis.
In 1961, Innocenti presented at the Milan Motorcycle Show the prototype of the Lambretta 50, the first model shown to the public with monocoque bodywork. It was in this context that the possibility was

Comunque il programma viene portato avanti con una certa celerità e già nell'agosto del 1962 un prototipo viene allestito nelle sue forme definitive; il progetto è così pronto per essere industrializzato.
Meccanicamente questo prototipo era derivato dalla LI Terza serie ma con alcune interessanti novità: i mozzi ruota con solo tre viti di fissaggio, il coperchio volano con le viti frontali, una marmitta più compatta e la leva di avviamento più dritta.
Non sappiamo le cause che hanno portato all'annullamento di questo interessante studio, forse la Innocenti non si sentiva ancora pronta per un progetto così lontano dalla sua tradizione, oppure la troppo somiglianza alla Vespa non era sicuramente una buona pubblicità. Sta di fatto che tutto il progetto venne abbandonato e la sua eredità passò allo studio della nuova serie Junior, l'unico modello Lambretta realizzato completamente con carrozzeria portante.

Risparmiare è possibile?

Con i tempi che corrono il risparmio è certamente una delle voci più ricorrenti nella economia di questo governo e... delle nostre famiglie!
Ma forse tutti non sanno che, già agli inizi del 1963, la Innocenti si è era preoccupata di economizzare la produzione Lambretta, riducendo i costi di costruzione dei componenti meccanici ed estetici.
Per far ciò, la direzione generale della fabbrica si avvalse della collaborazione di una società straniera specializzata nei metodi di produzione industriali: la "Management Methods Incorporadet", rappresentata in Italia da Dott. Charles F. Speer.
Questa azienda avrebbe dovuto analizzare la produzione Lambretta in ogni suo componente e verificare la possibilità di economizzare i costi per ridurre il prezzo finale di vendita.

Particolare dei braccetti porta leve della Terza serie. Per ridurre i tempi di lucidatura dell'operatore, la "MMI" aveva proposto di togliere il rialzo sotto la vite. Con questa modifica è stato variato lo spessore del portaleva e, di conseguenza, è stata maggiorata anche la larghezza totale della leva in alluminio.

A detail view of the Series III lever hoods. In order to reduce polishing times on the production line, MMI had proposed removing the raised section below the screw. This modification changed the thickness of the lever hood and consequently the overall width of the aluminium lever was increased.

Nella vista laterale la Lambretta a carrozzeria portante assomiglia molto a quella tradizionale con il telaio. Degne di nota la marmitta più compatta e la leva di avviamento dritta che saranno fonte di ispirazione per il progetto della J 100 del 1964.

In the side view, the Lambretta with monocoque bodywork closely resembled the traditional version with a tubular frame. Note the more compact silencer and the straight starting lever that were sources of inspiration for the J 100 project of 1964.

considered of producing the LI series with this interesting engineering concept.
It would certainly not have been easy: Piaggio had 15 years' experience in the field while it was a new sector for Innocenti, one full of uncertainties and difficulties. However, the programme was carried forwards with a certain urgency and as early as August 1962 a prototype had been built in definitive form; the project was now ready for production engineering.
Mechanically, this prototype was based on the LI Series III, but with a number of interesting innovations: the wheel hubs with just three bolts, the flywheel cover with front screws, a more compact silencer and a straighter starting lever.
We do not know why this interesting project was abandoned, perhaps Innocenti felt it was not yet ready for a design so different to its traditional frames, or perhaps the similarities to the Vespa were excessive in commercial terms.
The fact remains that the project was shelved and its heritage passed down to the new Junior series, the only Lambretta model with true monocoque bodywork.

Can savings be made?

In this day and age, saving is without doubt one of the most frequently recurring themes in the economy of this government and of our families!
However, perhaps not everyone is aware that in early 1963 Innocenti was already working on the economy of Lambretta production, reducing the costs of producing mechanical and trim components. In order to do so, the general managers at the factory called in an outside firm specialising in industrial production methods: Management Methods Incorporated, represented in Italy by Dr. Charles F. Speer. This company was asked to analyse all aspects of

Dopo un'attenta analisi del prodotto venne proposto un traguardo di risparmi da raggiungere: 45 milioni di lire (!).
Per far ciò si sarebbe dovuto intervenire con modifiche sostanziali al gruppo faro-manubrio, alle selle e al fanalino posteriore.
Sfogliando le pagine della copiosa relazione si nota una cura maniacale dei particolari e dei singoli risparmi che, seppure modesti, su una produzione di decine di migliaia di unità diventano decisamente interessanti.
Un esempio curioso e la possibilità di economizzare la borsetta porta ferri con questa soluzione: "Si è sostituita la chiave per mozzo con chiave a tubo, si è impiegata per la borsa tela più economica: Si pensa che la modifica sarà approvata entro il 15/3/1964. Il risparmio per macchina è di 40 lire".
Le modifiche più interessanti riguardano il manubrio nelle sue parti interne: la proposta della MMI era quella di produrre le carrucole interne dei comandi in materiale plastico e semplificare con boccole in Nylon il fissaggio delle aste ai manicotti gas/cambio; un risparmio importante che venne calcolato in circa 300 lire per macchina.
Questa modifica verrà in seguito adottata nella produzione verso la metà del 1965.
Una singolare modifica riguardava la forma del manicotto portaleva in alluminio: nel modello in produzione il foro del perno leva era rialzato e costringeva il pulitore ad impiegare più tempo a lucidare il pezzo: la modifica proposta della MMI (e in seguito approvata) prevedeva la variazione della forma esterna per eliminare il gradino e rendere più veloce la lucidatura; un'ulteriore risparmio si sarebbe potuto ottenere con la lucidatura meccanizzata.

A destra, particolare delle carrucole comando cambio/gas che erano tradizionalmente realizzate in bronzo pressofuso, con altissimi costi di produzione.
Con la modifica in nylon della "MMI" i costi si ridussero subito in maniera drastica e tale modifica fu presto introdotta anche sulla serie minore Junior.

AGEMENT METHODS INCORPORATED 2

II. PROGRAMMA DI STUDIO

Sono state finora tenute 17 riunioni per lo studio dei gruppi manubrio, fanaleria, sella e borsa attrezzi.

I valori unitari totali esaminati, per ogni tipo di macchina, sono i seguenti:

1. Gruppi manubrio, fanaleria, sella e borsa attrezzi lambretta 150 cc. L. 6.897
2. Gruppi manubrio, fanaleria, sella e borsa attrezzi - lambretta 125 cc. L. 6.747
3. Gruppi manubrio, fanaleria, sella e borsa attrezzi - lambretta 150 Special - 175 TV L. 9.648
4. Parti comuni al motofurgone L. 574

Le quantità annue di ogni tipo di macchina sono così ripartite:

1) 125 cc n. 30.000
2) 150 cc. n. 20.000
3) 150 Special - 175 TV n. 50.000
4) Motofurgone n. 25.000

Il valore annuo totale dei gruppi esaminati è di L. 837.100.000

Si debbono ancora tenere due riunioni per portare a termine il progetto proposto di 22 settimane di studio; durante questo periodo si pensa di aggiungere alle proposte di risparmi già approvate, ulteriori risparmi per L. 5.850.000; rimarranno invece ancora in sospeso le modifiche per le quali si è in attesa

Right, a detail of the gear change/throttle cable guides that were traditionally cast in bronze, with extremely high production costs.
MMI replaced them with nylon parts, drastically reducing these costs and the modification was soon introduced in the cheaper Junior range too.

Lambretta production and see where costs could be cut in order to reduce the list price of the end product. Following careful examination of the product an ambitious target of 45,000,000 Lire in savings was proposed.
In order to achieve this, substantial modifications would be required to the headlight-handlebar assembly, the saddle and the rear lighting unit.
Leafing through the pages of the extensive report, we find painstaking attention to detail and individual savings that, while modest, on a production run of tens of thousands of units become decidedly interesting. One curious example was the possibility of making savings on the tool pouch by way of the following expedient: "The hub spanner has been replaced with a tubular spanner, a cheaper canvas pouch has been used: the modification is due to be approved by 15/3/1964. A saving of 40 Lire per machine will be achieved."
The most interesting modifications concerned the internal parts of the handlebar: MMI proposed producing the internal pulleys in plastic and simplifying the attachment of the rods to the throttle gear-change sleeves with nylon ferrules; this important saving was calculated to be in the order of 300 Lire per machine. This particular modification was adopted towards the middle of 1965.
Another unusual modification concerned the shape of the aluminium lever carrier: in the production model the hole for the lever pin was raised and obliged to the finisher to take longer to polish the piece: the modification proposed by MMI (and subsequently approved) provided for a change in the external shape, eliminating the step and making polishing faster; further savings could have been made with mechanical polishing. This small but significant variation led to a predicted saving of no less than 53,40 Lire per machine... not bad at all!
Further savings concerned the aluminium handlebar shell: "The possibility should be examined of replacing

Per questa piccola, ma importante, variante il risparmio previsto era di ben 53,40 lire per macchina... non male! Un'altra proposta di risparmio interessava il coperchio in alluminio del manubrio: "Si esamina la possibilità di sostituire la pressofusione, e quindi le relative operazioni di lavorazione e verniciatura, con termoplastici (ABS) già colorati. Si faranno campioni utilizzando, se possibile e senza modifiche, uno stampo di pressofusione; sarà poi fatto un esame dal punto di vista estetico. Il risparmio possibile sarebbe di 235 lire la pezzo". È interessante notare che questo innovativo sistema di costruzione sarà poi adottato dalla Piaggio, con la Vespa PX del 1977!
Non tutte le proposte della MMI verranno in seguito ammesse alla produzione ma, comunque, questo interessante documentazione ci fa apprezzare ancor di più la grande Innocenti, sempre all'avanguardia nel cercare soluzioni innovative per un prodotto di largo consumo come la Lambretta.

14

NT METHODS INCORPORATED

19.96.2010 - Supporto frizione
19.96.3001 - Supporto freno

E' stata variata la forma esterna e si è ottenuta una riduzione nel tempo di lucidatura. Il risparmio approvato per macchina è di L. 53,40. - Sarà continuato l'esame per la meccanizzazione della lucidatura.

19.98.1050 - Pulsante di massa

E' stata ordinata ad un nuovo fornitore la campionatura, con un risparmio di L. 23. - per macchina.

19.78.1070 - Quadretto con chiavi

Si è sostituito il cappuccio in gomma con vipla, eliminata la guaina in vipla e sostituita con nastratura. Si è in attesa dei campioni. La stima del probabile risparmio per macchina è di L. 50. -.

19.05.5260 - Sella posteriore
19.05.5250 - Sella anteriore

Saranno fatte prove con un campione costruito col telaio alleggerito e con finta pelle più economica. La stima del risparmio, per ora di incerta approvazione, è di L. 52. - per sella.

Ing. PAPA

CHARLES F. SPEER
MANAGEMENT METHODS INCORPORATED
MANAGEMENT CONSULTANTS

MILANO
VIA SOPERGA 2
TELEF. 227.634

Alcune pagine dell'interessante documento originale della "MMI". Tra le varie proposte per ridurre i costi di produzione c'era la possibilità di stampare in plastica i puntali del listelli, anziché in alluminio. Questa opportunità sarà in seguito adottata dalla SIL indiana per le sue Lambretta DL.

A number of pages from the interesting original MMI document. Among the various proposals for reducing production costs was the idea of pressing the foot rest strip ferrules in plastic rather than aluminium. This expedient was later adopted by SIL of India for its Lambretta DL models.

Temi di vendita

Con gli anni Sessanta il mercato motociclistico divenne sempre più difficile, l'auto aveva raggiunto prezzi di vendita incredibilmente popolari e ormai era alla portata di qualunque persona.
Lo scooter, che fino a quel momento era una sorta di ripiego all'automobile, si ritrova completamente fuori mercato; la tipica clientela scooteristica non vedeva l'ora di salire su una comoda automobile, che portava tutta la famiglia ed era ben protetta dal gelo e dalla pioggia.
L'Innocenti era ben consapevole di questa evoluzione del mercato e cercò di trovare nuove strategie per rendere più appetibile i suo scooter.
Prima fra tutte si pensò di formare i concessionari con dei corsi di vendita e promozione, allo scopo di far conoscere ai commercianti le nuove strategie di mercato per il lancio della Scooterlinea '62.

Destinato esclusivamente ai concessionari, la Innocenti preparò un bellissimo film didattico che illustrava, con simpatiche scenette, il modo migliore di come rapportarsi con la clientela. L'opuscolo qui raffigurato era un ulteriore supporto per incrementare le vendite, cercando di contrastare il suo nuovo e più temibile concorrente: l'automobile!

Destined exclusively for the concessionaires, Innocenti prepared a fascinating training film that illustrated in a series of light-hearted scenes, the best way of dealing with clients. The booklet seen here was further support for increasing sales in an attempt to combat the scooter's new and perilous competitor: the small car!

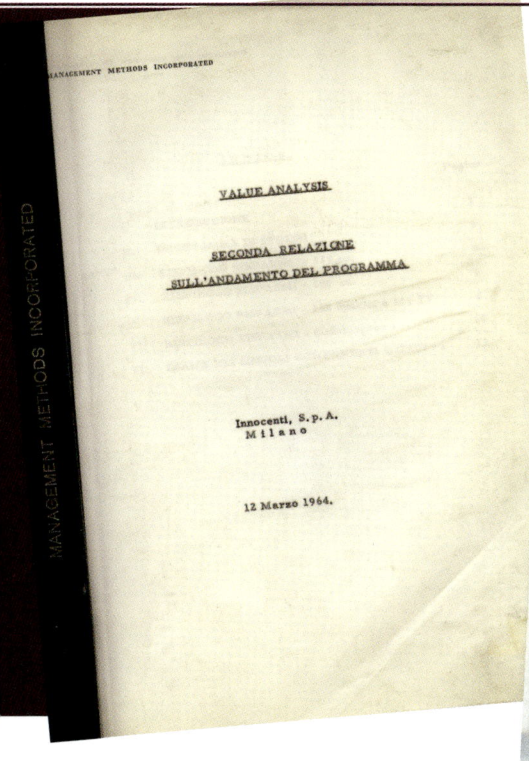

MANAGEMENT METHODS INCORPORATED

VALUE ANALYSIS

SECONDA RELAZIONE
SULL'ANDAMENTO DEL PROGRAMMA

Innocenti, S.p.A.
Milano

12 Marzo 1964.

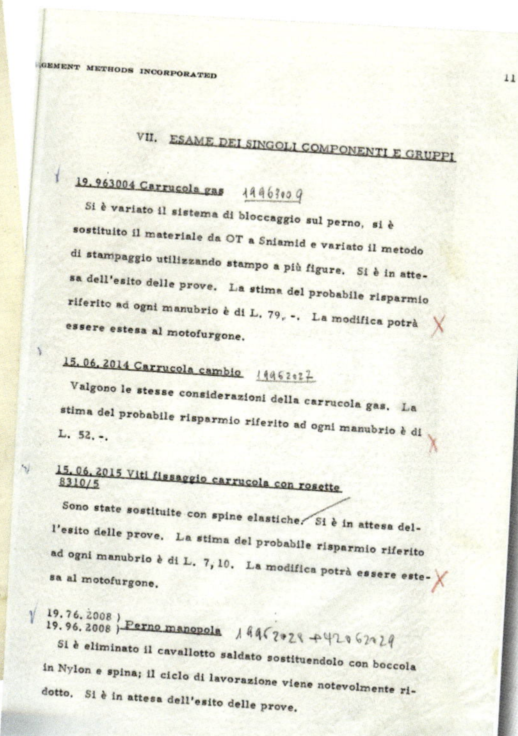

GEMENT METHODS INCORPORATED 11

VII. ESAME DEI SINGOLI COMPONENTI E GRUPPI

19.963004 Carrucola gas 19963009

Si è variato il sistema di bloccaggio sul perno, si è sostituito il materiale da OT a Sniamid e variato il metodo di stampaggio utilizzando stampo a più figure. Si è in attesa dell'esito delle prove. La stima del probabile risparmio riferito ad ogni manubrio è di L. 79,-. La modifica potrà essere estesa al motofurgone.

15.06.2014 Carrucola cambio 19962027

Valgono le stesse considerazioni della carrucola gas. La stima del probabile risparmio riferito ad ogni manubrio è di L. 52,-.

15.06.2015 Viti fissaggio carrucola con rosette 8310/5

Sono state sostituite con spine elastiche. Si è in attesa dell'esito delle prove. La stima del probabile risparmio riferito ad ogni manubrio è di L. 7,10. La modifica potrà essere estesa al motofurgone.

19.76.2008)
19.96.2008) Perno manopola 19962029 + 42062029

Si è eliminato il cavallotto saldato sostituendolo con boccola in Nylon e spina; il ciclo di lavorazione viene notevolmente ridotto. Si è in attesa dell'esito delle prove.

the casting, and the relative finishing and painting operations, with body-coloured thermoplastics (ABS). Samples will be produced using, if possible and without modifications, a die-casting mould; an examination will then be conducted from an aesthetic point of view. A possible saving of 235 Lire per piece may be made."

It is interesting to note that this innovative system was then to be adopted by Piaggio with the Vespa PX from 1977!

Not all of MMI's proposals were adopted on the production model, but this fascinating documentation allows us to appreciate how advanced the great Innocenti was in seeking innovative solutions for a consumer product such as the Lambretta.

Sales incentives

In the Sixties the motorcycle and scooter market was becoming increasingly problematic: the cost of car ownership had fallen dramatically and was now within reach of most people.

The scooter, which until than had been an economic alternative to the car, found its market shrinking as the typical scooter clients aspired to a comfortable car in which they could carry the whole family protected from the wind and rain.

Innocenti was well aware of this market evolution and attempted to find new strategies to make its scooters more attractive.

First and foremost it decided to train its dealers with sales and promotion courses so that they could introduce them to the new marketing ideas behind the launch of the Scooterlinea or Slimstyle '62.

Great emphasis was placed on its sporting character and practicality and on running costs and reliability the equal of that of a modern car.

"The increasingly competitive nature of our sector now requires that every sales agent, if he wants to achieve positive results and therefore a favourable

DAMENTALE PER DEI BUONI RISULTATI COMMERCIALI, E NESSUN
RÀ CARENTE SOTTO TALE ASPETTO, POICHÈ IL CLIENTE SCON-
DIVIENE PESSIMISTA, ED INEVITABILMENTE EFFETTUA UNA CON-
EGUENZE.
DERARE IMPORTANTE: LA **SEDE**.
ZZA, CHE SONO ELEMENTI DI OVVIO INTERESSE COMMERCIALE,
E ORDINATA, PULITA, DECOROSA.
TTREZZATURA NON A POSTO NEI PANNELLI, L'ACCUMULO DISOR-
SPARSI. I BANCHI DI LAVORO INGOMBRI ED IN DISORDINE, L'AC-
CE, IN UNA PAROLA IL DISORDINE, PURTROPPO NON INFREQUEN-

TE, OLTRECHÈ OSTACOLARE EFFETTIVAMENTE LA RAZIONALITÀ ED IL RENDIMENTO DEL LAVORO, INGENERERÀ INEVITABILMENTE NEL CLIENTE DISAGIO E SFIDUCIA.

OCCORRE QUINDI EVITARE CON OGNI CURA TALE STATO DI COSE, PER ISPIRARE ALLA CLIENTELA ANCHE SOTTO TALE ASPETTO SIMPATIA E SICUREZZA, PER IL RISPETTO ED IL PRESTIGIO DI SE STESSI E DELLA CASA RAPPRESENTATA, PER CONFERIRE GIUSTA DIGNITÀ AL LAVORO.

OGNI BUON AGENTE DI VENDITA CONOSCE QUANTO SOPRA ABBIAMO VOLUTO BREVEMENTE E SEMPLICEMENTE RAMMENTARE, MA È NECESSARIO FARNE REGOLA COSTANTE, AFFINCHÈ ATTRAVERSO IL DIUTURNO IMPEGNO AD AFFINARE IL METODO DI LAVORO E AD INTENSIFICARNE IL RITMO SI POSSANO ATTINGERE SEMPRE MIGLIORI TRAGUARDI COMMERCIALI.

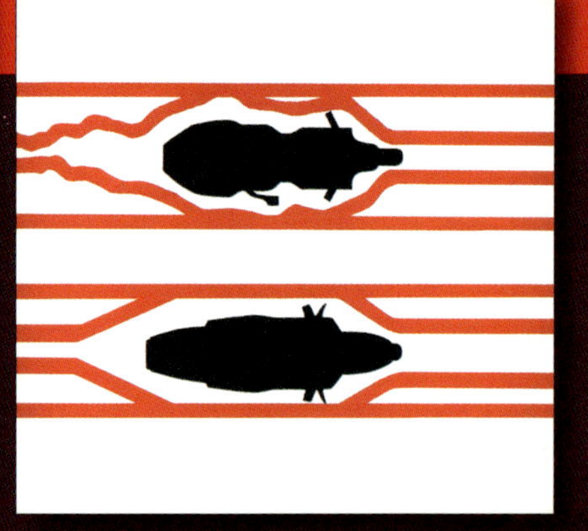

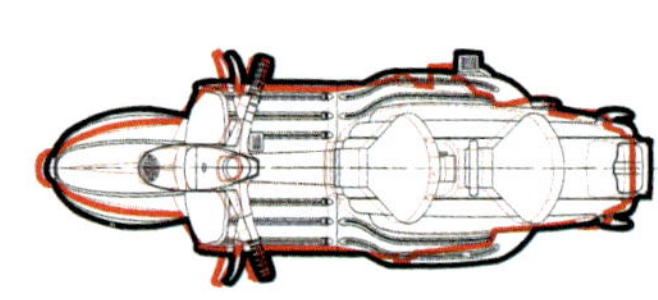

La Lambretta è più aerodinamica della Vespa? Certo che sì, guardate le linee dei flussi come sono ordinate nella Lambretta e come sono disordinate nella Vespa. Forse il disegno è un poco di parte, comunque la Lambretta è certamente più aerodinamica... e anche più bella.

Si puntò molto sull'aspetto sportivo e pratico, sull'economicità di esercizio e sull'affidabilità al pari di un'autovettura moderna.

"Il regime sempre più fortemente concorrenziale nel nostro settore esige ormai che ogni agente di vendita, se vuole ottenere risultati positivi e quindi un andamento economico favorevole, espleti l'attività commerciale con spirito di iniziativa, con dinamicità, con continuità e tenacia.

Occorre cioè IMPEGNARSI A FONDO OGNI GIORNO

Il cliente non può essere "atteso": Esso deve essere ATTIRATO, CERCATO, COLTIVATO, CONTESO".

Con questa prefazione venne preparato un simpatico opuscolo per istruire al meglio i concessionari e farli diventare, in breve tempo, dei veri maestri del commercio.

Sempre nello stesso periodo venne lanciata una poderosa campagna regali che prevedeva una vasta scelta di prodotti da omaggiare in base alle Lambrette vendute.

Ad ogni vendita corrispondeva un numero di punti proporzionale al prezzo dello scooter; più punti si raccoglievano, più ampia era la scelta di prodotti che si potevano ricevere.

Si passava dal classico aeroplano a motore per i ragazzi alla cinepresa per il papà e perfino a una bella autovettura A 40 per tutta la famiglia.

Per la mamma non poteva non mancare una lussuosa pelliccia di visone che, guardando il numero di punti che si doveva raggiungere, era sicuramente un regalo inavvicinabile!

Chissà se qualche fortunata moglie sarà riuscita ad indossare quelle prestigiosa pelliccia; e chissà quante Lambretta avrà dovuto vendere suo marito per conquistare l'ambito premio.

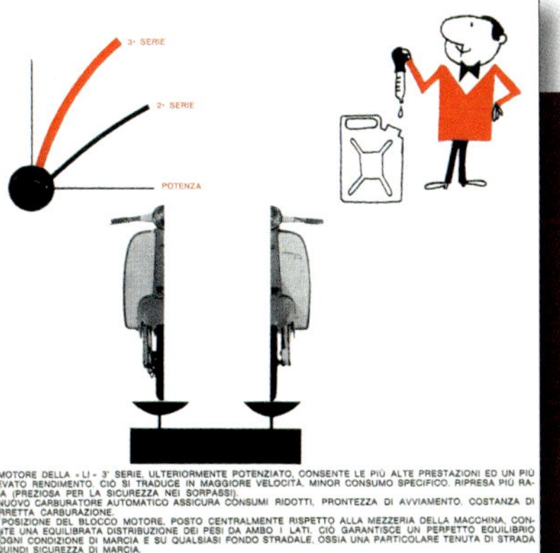

Was the Lambretta more aerodynamic than the Vespa? It certainly was; just look at how the flow lines are smooth with the Lambretta and disturbed with the Vespa. Perhaps the drawing is a little biased, but in any case the Lambretta was certainly more aerodynamic.. and also prettier.

economic trend, conducts his business with a spirit of initiative, dynamism, continuity and tenacity.
He therefore need to GIVE HIS ALL EVERY SINGLE DAY.
We can no longer "wait" for a client: He has to be ATTRACTED, SOUGHT OUT, NURTURED and FOUGHT OVER".
With this preface a brochure was prepared giving instructions to the Lambretta dealers on how to become overnight sales wizards.
The same period saw the launch of massive gift campaign that involved a wide range of products that could be given away on the basis of the Lambrettas sold.
Each sale corresponded to a number of points proportional to the value of the scooter; the more points the dealer accumulated the wider the choice of gifts he could receive.
These ranged from a classic powered model aeroplane for the kids to a movie camera for the parents and even a fine A 40 car for all the family.
There was even a luxurious mink coat for the lady of the house, although judging by the number of points required this was without doubt an unattainable prize!
Who knows whether some fortunate wide managed to wear one of those prestigious furs; and how knows how many Lambrettas her husband had to sell to receive such an incentive!

Articolo 2923 - Punti 207.600
Cinepresa Bolex Zoom Reflex P2 con borsa - Visione Reflex - Esposimetro incorporato - Otturatore variabile - Riavvolgimento a manovella - 7 velocità di ripresa - Obiettivo Zoom incorporato - Scala focale da 9 a 30 mm. - Apertura 1 : 1,9

Articolo 3614 - Punti 334.000
Motofurgone LAMBRETTA 175 litri seconda serie

Articolo 3612 - Punti 995.000
Automobile INNOCENTI - Austin A40/S Combinata

Articolo 3511 - Punti 14.000
Aeromodello Kingcobra 185 P-36 - Aeromodello atto al volo - Motore starter rotomatic - Cilindrata 0,49 - Funziona a miscela - Candela accensione in testa - Volo tenuto da un filo e una maniglia - Apertura alare cm. 60 - Costruito in plastica infrangibile metallizzata color argento - Ditta Sticktoy - Milano

Articolo 3522 - Punti 11.900
Treno elettrico Rivarossi impianto 111 con trasformatore - Impianto completo di trasformatore-raddrizzatore ed anello di binari - Composto da: locomotiva a vapore a 3 assi, riproduzione della « Castano » delle F.N.M. - un bagagliaio a due assi tipo D 651, e due carrozze di III classe a due assi tipo C 351 delle F.N.M. - Lunghezza cm. 55,2 - Precisare il voltaggio

Articolo 2011 - Punti 1.900.000
Pelliccia in visone standard scuro naturale - Sontuoso mantello in visone scuro extra di linea morbida e avvolgente di rara eleganza e semplicità - Magnifica creazione della notissima casa Melloni di Milano, già fornitrice della Real Casa

Alcuni dei regali che i concessionari potevano vincere in base al numero di Lambretta vendute. Sarebbe stato interessante conoscere quante Lambretta si dovevano vendere per poter vincere una autovettura A 40. Purtroppo non sono riuscito a trovare questo curioso dato.

Some of the gifts the dealers could win on the basis of the number of Lambrettas sold. It would have been interesting to know how many Lambrettas would have to be sold to win an A40 car. Unfortunately I still have not been able to find an answer.

Personaggi famosi

Come di consuetudine, anche per la promozione della nuova Terza serie la Innocenti si avvalse della partecipazione di famosi personaggi del mondo dello spettacolo, del cinema e della televisione.
Una bella ragazza su una bella Lambretta era pur sempre un bel vedere, e così furono contattate diverse star nazionali ed internazionali per fare da testimonial al nuovissimo prodotto Innocenti
A parte l'attrice americana Jayne Mansfield, a cui dedichiamo un capitolo speciale, tra le ragazze più famose ricordiamo Carla Fracci, Gigliola Cinquetti, Anna Maria Ubaldi, Tina di Pietro e tante altre.
Tra le straniere spiccavano i nomi di Annette Stroyberg, Bella Cortez, Margaret Lee, Romy Chelly e Moa Thai.

Questa artistica fotografia è stata scattata dal quel grande maestro di Roberto Zabban. Si tratta della simpatica attrice Evi Rigano che presenta una preziosa 175TV nella classica colorazione unica Bianco Nuovo.

This artistic photograph was taken by the great master, Roberto Zabban. It shows the actress Evi Rigano presenting a precious 175 TV in classic New White livery.

Annette Stroyberg, la giovane attrice « nouvelle vague », dell'Italia preferisce tre cose: sole, Lambretta e italiani.

Annette Stroyberg, the « nouvelle vague» actress, like three things about Italy: the sunshine, Lambrettas and Italians.

Annette Stroyberg, la jeune actrice de la « nouvelle vague » a trois préférences en Italie: le soleil, le Lambretta et les Italiens.

Celebrities

As usual, Innocenti brought in celebrities from the world of show business, film and television to promote the Series III.
A pretty girl on a Lambretta was always easy on the eye and numerous Italian and international stars were asked to act as faces for the brand new Innocenti model.
Along with the American actress Jayne Mansfield, to whom a separate chapter is dedicated, among the most famous of these stars were Carla Fracci, Gigliola Cinquetti, Anna Maria Ubaldi, Tina di Pietro and many others.
The international names included Annette Stroyberg, Bella Cortez, Margaret Lee, Romy Chelly and Moa Thai.

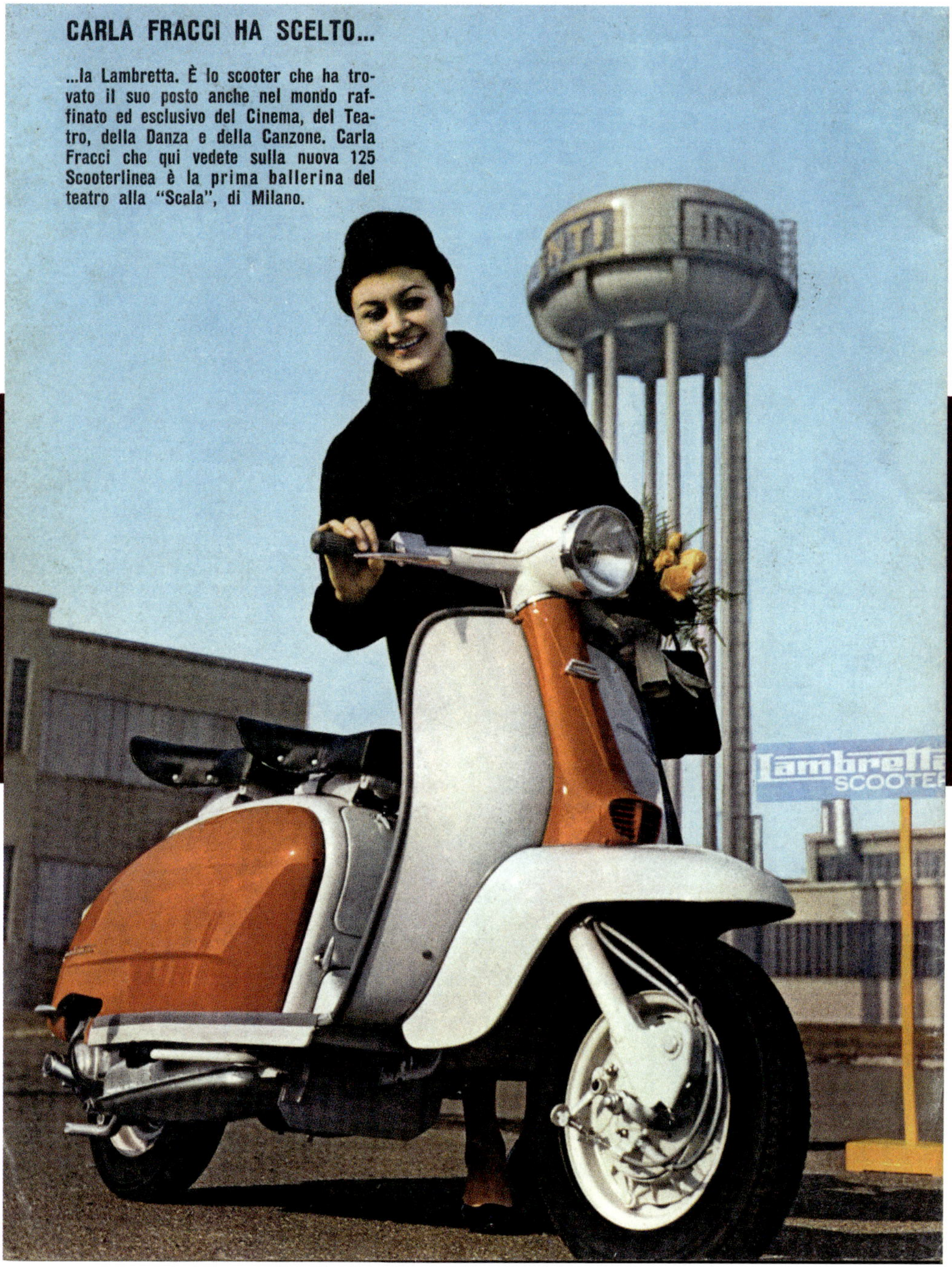
CARLA FRACCI HA SCELTO...
...la Lambretta. È lo scooter che ha trovato il suo posto anche nel mondo raffinato ed esclusivo del Cinema, del Teatro, della Danza e della Canzone. Carla Fracci che qui vedete sulla nuova 125 Scooterlinea è la prima ballerina del teatro alla "Scala", di Milano.

Con simpatia
Gigliola Cinquetti

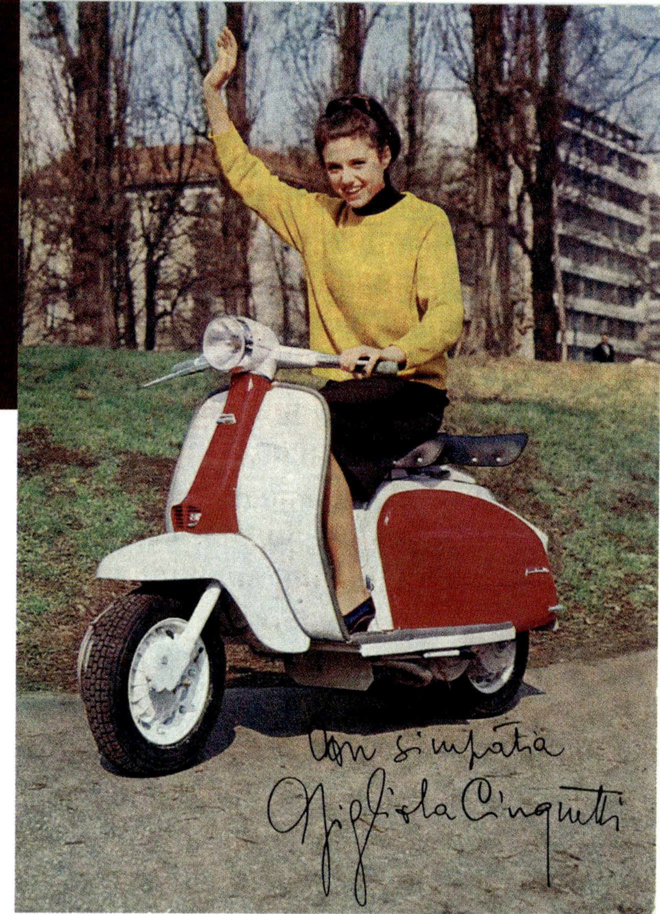

Tina Di Pietro

Margaret Lee

Rosy Chelli

Anna Maria Ubaldi

Moa Tahi

Una serie di belle ragazze facevano da testimonial per il calendario Lambretta 1963. Notare che la 175TV non ha ancora le griglie bianche al freno a disco. Probabilmente le foto sono state realizzate nei primi mesi del 1962. Inoltre la sella ha ancora la maniglia passeggero fissata con i moschetti, come sulla TV2.

A series of beautiful girls were the "faces" of the 1963 Lambretta calendar. Note that the 175 TV no longer had the white grilles on the disc brake. The photos were probably taken early in 1962. Note that the saddle still had the passenger's grab handle fixed with buckles, as on the TV Series II.

Colori

Questo è sicuramente il capitolo del libro più difficile da scrivere.
I colori Lambretta della Terza serie sono così variegati e differenti a seconda del paese di destinazione che è veramente quasi impossibile redigere un elenco che sia corretto e veritiero.
In effetti, i colori che la Innocenti ha utilizzato per verniciare le Lambretta sono ben conosciuti e catalogati; il problema è che non sempre corrispondono a quello che era stato dichiarato e, inoltre, di alcuni colori non si conoscono le loro destinazioni e rimangono un vero mistero.
Cercherò quindi di essere facilmente comprensibile e scusate se avrò commesso degli errori ma, questa volta è proprio vero, "non si finisce mai di imparare!"

Per il modello 125 LI la storia è abbastanza semplice: il colore più utilizzato era il Celeste Iseo 8035, mentre il Grigio'62 8068 fu adoperato molto raramente.
Durante gli anni in cui fu prodotta vennero inseriti altri due colori che, comunque, furono poco utilizzati: l'Azzurro Chiaro e il Bianco Nuovo 8059.

La 150 LI ebbe una storia più complessa in quanto la classica verniciatura bicolore poteva creare diverse combinazioni.Carrozzeria: inizialmente Grigio'62 8068 (poco usato) e poi Bianco Nuovo 8059
Cofani e frontale: Azzurro Nuovo 8038, Verde Nilo 8015, Rosso Corallo '63 8085, Rosso Rubino 8047.
Esisteva anche una versione tutta colore Beige Sabbia'63 di cui non ho mai trovato nessun esemplare conservato mentre si sono viste alcune 150 completamente verniciate in Rosso Rubino 8047.

Anche la 175TV ha avuto diverse combinazioni di colori, alcune delle quali mai viste e sconosciute ma comunque nella lista ufficiale Innocenti.
Carrozzeria prima versione: Bianco Nuovo 8059 o Grigio'62 8068 (poco usato)
Cofani, frontale e parafango: Bianco Nuovo 8059,

CARTA COLORI ESPORTAZIONE 1963 – 3ª Serie
EXPORT COLOUR GUIDES 1963 – Series 3

125/LI Monocolore celeste One-tone light blue	175/TV Monocolore bianco One-tone white
150/LI Bicolore grigio/blu Two-tone grey/blue	175/TV Bicolore bianco/verde Two-tone white/green
150/LI Bicolore grigio/rosso Two-tone grey/red	175/TV Bicolore bianco/rosso Two-tone white/red
150/LI Monocolore sabbia One-tone sand	175/TV Monocolore bianco con fiancate blu One-tone white with blue side panels

Colours

A sinistra, un'interessante tabella a colori ritrovata nell'archivio Innocenti. Non posso garantire che queste combinazioni di colori siano state effettivamente utilizzate. Comunque è un interessante documento, l'unico di questo genere stampato dalla Innocenti. Sotto, la cartella colori del 1962 con i vari campioni. Si tratta di un aggiornamento del catalogo vernici del 1959, in quanto alcuni colori erano rimasti invariati anche per la Terza serie.

Left, an interesting color chart found in the Innocenti archive. I cannot guarantee that these combinations of colours were actually used. It is any case an interesting document, the only one of its kind printed by Innocenti. Below, the 1962 colour card with various samples. This was an updated version of the paints catalogue from 1959, with some colours unvaried for the Series III too.

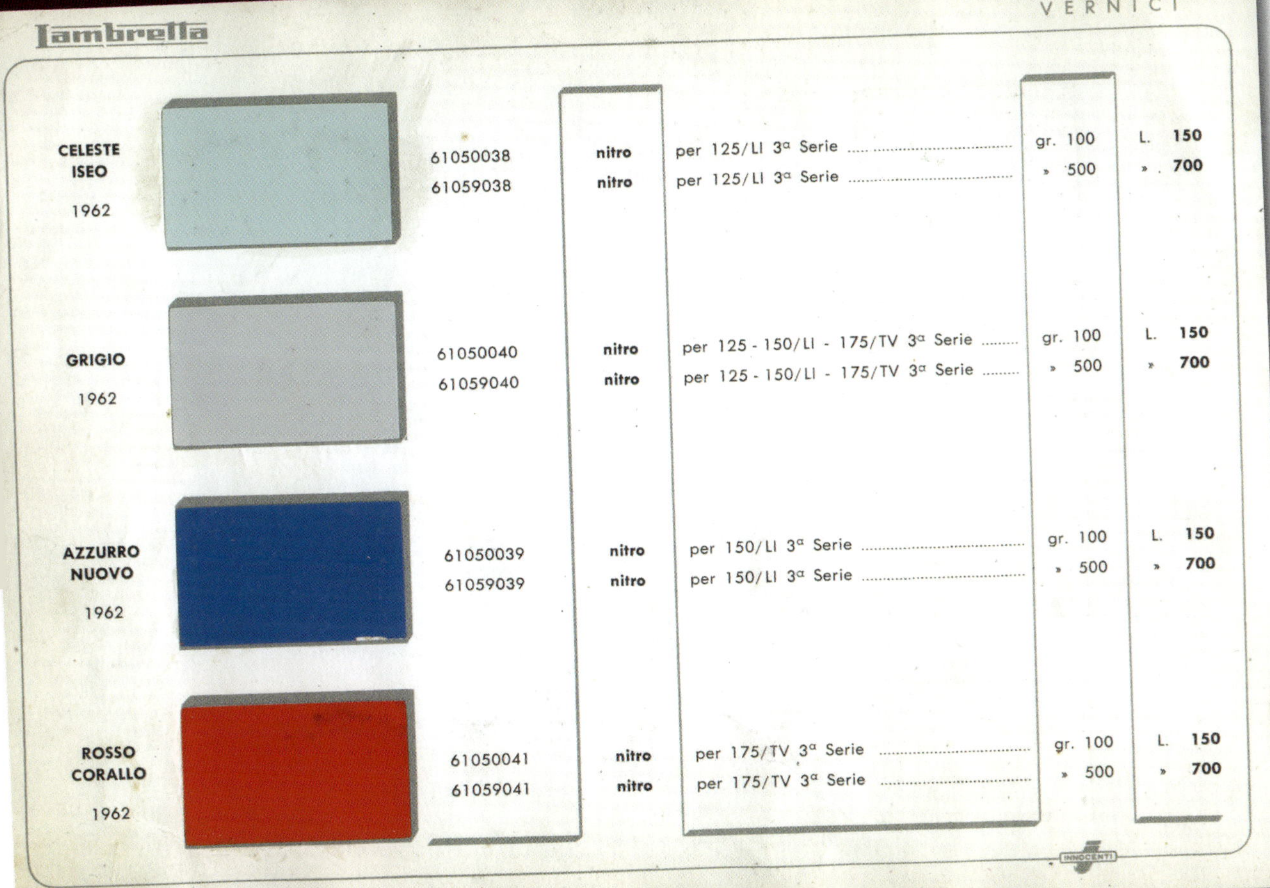

Lambretta

VERNICI

Colore	Codice		Uso	Quantità	Prezzo
CELESTE ISEO 1962	61050038	nitro	per 125/LI 3ª Serie	gr. 100	L. 150
	61059038	nitro	per 125/LI 3ª Serie	» 500	» 700
GRIGIO 1962	61050040	nitro	per 125 - 150/LI - 175/TV 3ª Serie	gr. 100	L. 150
	61059040	nitro	per 125 - 150/LI - 175/TV 3ª Serie	» 500	» 700
AZZURRO NUOVO 1962	61050039	nitro	per 150/LI 3ª Serie	gr. 100	L. 150
	61059039	nitro	per 150/LI 3ª Serie	» 500	» 700
ROSSO CORALLO 1962	61050041	nitro	per 175/TV 3ª Serie	gr. 100	L. 150
	61059041	nitro	per 175/TV 3ª Serie	» 500	» 700

INNOCENTI

This has without doubt been the most difficult chapter to write.

The Lambretta paint colours used for the Series III were so varied and different according to the country of destination that it really has been almost impossible to draft a list that is correct and definitive.

In effect, the colours used by Innocenti for the Lambretta paintwork are well-known and catalogue; the problem is that they do not always correspond to what was declared and, moreover, we are not aware of the destination of certain colours and they remain a mystery.

I will therefore try to be as clear as possible and apologise for any unwitting errors, as they quite right say, "you never stop learning"!"

For the 125 LI model the question is fairly simple: the most common colour was Iseo Blue 8035, while Grey '62 8068 was very rarely used.

Over the years in which the model was produced a further two colours were added, but again were little used: Light Blue and New White 8059.

The 150 LI had a more complicated story in that the classic two-tone paintwork could result in diverse combinations.

Bodywork: initially Grey '62 8068 (rare) and then New White 8059.

Side panels and leg shield: New Blue 8038, Nile Green 8015, Coral Red '63 8085 and Ruby Red 8047.

There was also a single colour version in Sand Grey '63 of

Verde Nilo 8015, Grigio Scuro 8071, Giallo Chiaro 8064, Rosso Corallo'62 8065, Rosso Corallo'63 8085, Beige Sabbia'63 (quest'ultima mai vista)
Era prevista anche una versione tutta Bianco Nuovo 8059 con solo i cofani in Azzurro Nuovo 8038, riservata solo ai mercati esteri.
Carrozzeria seconda versione tipo Special: tutta Azzurro Metallizzato 8062.
Si sono trovati anche alcuni esemplari verniciati completamente in Bianco Nuovo, destinati principalmente all'esportazione.

Per la Lambretta "LI 150 SX" era stata dedicata una speciale colorazione.
Carrozzeria: Biancospino '68 8082
Cofani laterali Blu Ischia'68 oppure Rosso'68 8073.

Tutti i codici si riferiscono a tinte della marca Italiana Lechler. Attenzione ad usare codici di conversione con altre ditte perché la tonalità potrebbe variare anche di molto.

Lambretta — VERNICI

Solo Estero

Colore	Codice		Uso		Prezzo
Rosso Corallo 1963	61050048	nitro	per 175 TV e 150 LI 3° S.	gr. 100	L. 150
	61059048	nitro	" 175 TV e 150 LI 3 S.	» 500	» 700
Grigio Chiaro 1962	61050034	nitro	per MF 175 LI 2 serie	gr. 100	L. 150
	61059034	nitro	per MF 175 LI 2° serie	» 500	» 700
Avorio 1963	61050049	nitro	per MF LAMBRO 200	gr. 100	L. 150
	61059049	nitro	per MF LAMBRO 200	» 500	» 700
Grigio chiaro metallizzato 1963	61050050	nitro	per 150 LI Special	gr. 100	L.
	61059050	nitro			

Lambretta — VERNICI

Colore	Codice		Uso		Prezzo
GIALLO CHIARO 1962	61050042	nitro	per 175/TV 3ª Serie	gr. 100	L. 150
	61059042	nitro	per 175/TV 3ª Serie	» 500	» 700
GRIGIO SCURO 1962	61050043	nitro	per 175/TV 3ª Serie	gr. 100	L. 150
	61059043	nitro	per 175/TV 3ª Serie	» 500	» 700
NUOVO BIANCO 1962	61050046	nitro	per 175/TV 3 Serie	gr. 100	L. 150
	61059046	nitro	per 175/TV 3 Serie	» 500	» 700
Beige Sabbia 1963	61050047	nitro	per 175 TV - 150 LI 3 S.	gr. 100	L. 150
	61059047	nitro	" 175 TV - 150 LI 3 S.	» 500	» 700

Solo Estero

INNOCENTI

Gli aggiornamenti scritti a mano sono del centro studi Innocenti e quindi assolutamente originali e veritieri.

The hand written annotations were made in the Innocenti research centre and are therefore absolutely original and reliable.

which I have never found a surviving example, while a number of 150s painted in all Rub Red 8047 have been seen.

The 175 TV also had a number of different colour combinations, some of which never seen and unknown, but still on the official Innocenti list.
Bodywork first version: New White 8059 or Grey '62 8068 (rarely used).
Side panels, leg shield and mudguard: New White 8059, Nile Green 8015, Dark Grey 8071, Light Yellow 8064, Coral Red '62 8065, Coral Red '63 8085, Sand Beige '63 (this last never seen).
An all-New White 8059 version with just the side panels in New Blue 8038 was reserved for the foreign markets only.
Bodywork second version Special-type: all Metallic Blue 8062.
A number of examples painted in all New White have also been found, destined principally for export.

A special colour scheme was created for the LI 150 SX:
Bodywork: Hawthorn White '62 8082.
Side panels: Ischia Blue '68 or Red '68 8073.

All the codes refer to the paints by the Italian Lechler company. Beware of using conversion codes with other companies as the colours might vary greatly.

Per scattare questa immagine Roberto Zabban mi raccontò che dovette pericolosamente arrampicarsi sulla struttura metallica dell'edificio! La foto è bellissima ed è una delle più famose e note della catena di montaggio della Lambretta.

In order to take this photo, Roberto Zabban told me that he had to climb precariously up the metal frame of the building. This wonderful photo is one of the most well known of the Lambretta production line.

Numeri di produzione 125 LI Terza serie
Production figures 125 LI Series III

Mese	*Month*	produz. *production*	Totale *Total*
1961			
dic.	*Dec.*	3.125	3.125
1962			
genn.	*Jan.*	5.556	8.681
febb.	*Feb.*	4.510	13.191
mar.	*Mar.*	5.457	18.648
apr.	*Apr.*	3.275	21.923
mag.	*May*	4.001	25.924
giu.	*June*	3.876	29.800
lug.	*July*	5.276	35.076
ago.	*Aug.*	2.756	37.832
sett.	*Sept.*	2.874	40.706
ott.	*Oct.*	2.768	43.474
nov.	*Nov.*	4.004	47.478
dic.	*Dec.*	3.998	51.476
1963			
genn.	*Jan.*	5.212	56.688
febb.	*Feb.*	3.006	59.694
mar.	*Mar.*	4.934	64.628
apr.	*Apr.*	4.953	69.581
mag.	*May*	3.582	73.163
giu.	*June*	4.101	77.264
lug.	*July*	5.687	82.951
ago.	*Aug.*	2.599	85.550
sett.	*Sept.*	4.254	89.804
ott.	*Oct.*	4.564	94.368
nov.	*Nov.*	4.413	98.781
dic.	*Dec.*	3.160	101.941
1964			
genn.	*Jan.*	1.550	103.491
febb.	*Feb.*	2.211	105.702
mar.	*Mar.*	2.209	107.911
apr.	*Apr.*	2.679	110.590
mag.	*May*	1.558	112.148
giu.	*June*	2.637	114.785
lug.	*July*	2.713	117.498
ago.	*Aug.*	929	118.427
sett.	*Sept.*	3.299	121.726
ott.	*Oct.*	2.249	123.975
nov.	*Nov.*	1.596	125.571
dic.	*Dec.*	1.717	127.288

Note sui numeri di telaio e di motore

125 LI Terza serie

N. di partenza:
La 125 LI Terza serie adotta una numerazione che parte da 1.001.
Nel corso della produzione ha modificato alcune caratteristiche del motore e quindi sono state variate le schede di omologazione. La prima è del luglio 1963, dal numero di telaio 95.001, e la seconda è del giugno 1967, dal numero 148.001.
Il numero di motore segue anche lui questa progressione numerica del telaio.

Coincidenza numeri Telaio/Motore:
La differenza tra i numeri di motore e telaio della 125 LI Terza serie è veramente molto bassa e costante: raramente si supera il divario di 3.000 numeri e, normalmente, la differenza si attesta a meno di 1.000 unità. Sono capitati casi di numerazione identica o con differenze di poche decine di numeri.

Posizione e tipo di numerazione:
La punzonatura del numero di telaio è sotto il cofano destro, sulla parte orizzontale del telaio, sotto il serbatoio. La posizione del numero di motore è nella parte posteriore del carter, seminascosta dal tirante comando marce.
Sul telaio il prefisso è "125 LI" sui primi esemplari prodotti. Successivamente diventa "125 LI3". Il motore è sempre "125LI".
Solo sugli esemplari dell'ultima produzione della fine del 1967 (dal n.148.001) il prefisso sul telaio diventa 125 LI4.

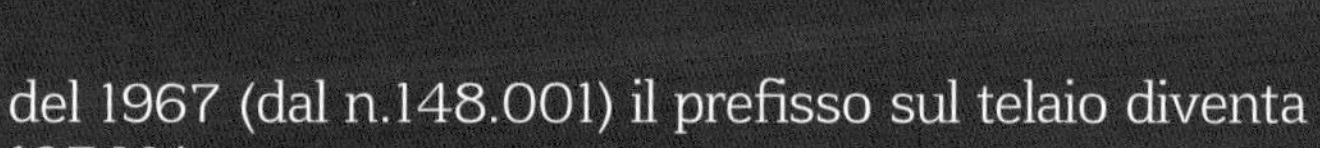

Rapporto n. di telaio e n. di produzione:
I numeri di telaio e motore punzonati rispecchiano fedelmente la produzione totale della Lambretta 125 LI3. È quindi assolutamente certa la possibilità di calcolare il mese di produzione con i tabulati Innocenti, conoscendo il numero di telaio o di motore.

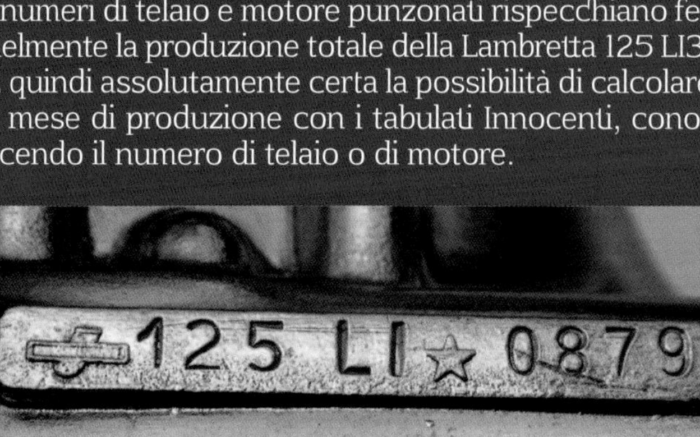

Notes on frame and engine numbers

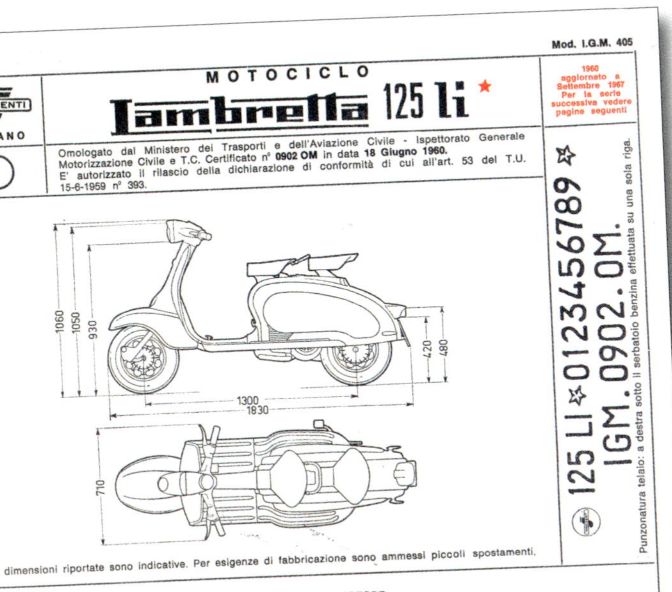

Mod. I.G.M. 405

MOTOCICLO
Lambretta 125 li ★

(I)NNOCENTI (MI)LANO

1960 aggiornato a Settembre 1967 Per la serie successiva vedere pagine seguenti

Omologato dal Ministero dei Trasporti e dell'Aviazione Civile - Ispettorato Generale Motorizzazione Civile e T.C. Certificato n° **0902 OM** in data **18 Giugno 1960.** E' autorizzato il rilascio della dichiarazione di conformità di cui all'art. 53 del T.U. 15-6-1959 n° 393.

✩ 125 LI ✩0123456789 ✩
IGM.0902.OM.

Punzonatura telaio: a destra sotto il serbatoio benzina effettuata su una sola riga.

Le dimensioni riportate sono indicative. Per esigenze di fabbricazione sono ammessi piccoli spostamenti.

★ **TIPO DELLA STRUTTURA:** telaio
Posti n. **2**

DIMENSIONI:
Lunghezza max. m **1,830**
Larghezza max. m **0,710**
★ Passo (a carico) m **1,300**
Diametro minimo di volta m **3,30**

PESI:
Tara kg 118 + conducente kg 70 kg **188**
Portata utile kg **70**
★ Peso complessivo kg **260**

SOSPENSIONI (tipo a descrizione):
Anteriore: a biellette oscillanti e ruota tirata.
Posteriore: a molla elicoidale.

RUOTE: con cerchio **2,10"**
Pneumatici { posteriore **3,50x10"** / anteriore **3,50x10"**

★ **FRENI:** (vedi retro)

IMPIANTO ELETTRICO:
Alternatore-magnete volano: volt **6** - watt **30** nomin.
Dispositivi illuminazione e segnalamento
Proiettore con luce di posizione anteriore mutuamente incorporata; luce di posizione posteriore con luce di arresto mutuamente incorporata; luce di targa combinata con luci di posizione posteriore; catadiottro raggruppato con la luce di posizione posteriore; dispositivo di segnalazione acustica.

MOTORE:
★ Denominazione o Modello **125 LI**
★ Tempi n. **2**
★ Cilindri n. **1**
★ Diametro mm **52**
★ Corsa mm **58**
★ Cilindrata cm³ **123,1**
Potenza fiscale CV **2**
Rapporto di compressione **7,5**
★ Potenza max. effettiva { CV **5,29** / a giri/1' **5000**

FRIZIONE: a dischi multipli in bagno d'olio

CAMBIO DI VELOCITA':
Comando a mano sulla manopola sinistra
N. 4 marce

Marce	Rapporti Cambio	★ Velocità calcolata a n. giri max. pot. Rapporto finale (pignone corona)			
		Diretto (1)			
1	1:5,666 ★	22			
2	1:3,500 ★	36			
3	1:2,437 ★	52			
4	1:1,842	69			

★ **TRASMISSIONE:** primaria a catena **1:3,066**
(1) Ruota posteriore calettata sull'albero del cambio

PRESTAZIONI:
1 km part. da fermo sec. **55,5** km/h **65**
1 km lanciato sec. **45,4** km/h **79,5**
Velocità max. effettiva km/h **79,5**
Consumo (norme CUNA) litri/100 km **1,8**

SERBATOIO: Capacità totale litri **8,25**
SILENZIATORE: (vedi retro)

★ Caratteristiche essenziali la cui modifica comporta la necessità di nuova omologazione (art. 225 D.P.R. 30-6-1959 n. 420).

★ Vedere pag. 4 e 5.

125 LI Series III

Initial numbering:

The 125 LI Series III adopted numbering starting from 1.001.

During the course of the production run certain engine features were modified and consequently changes were also made to the homologation data. The first came in the July of 1963 from frame number 95.001 and the second in June 1967, from frame number 148.001.

The engine number followed the numerical progression of the frame numbering.

Frame/Engine number coincidence:

On the 125 LI Series III, the difference between the engine and frame numbers is particularly low and constant: rarely does the divide exceed 3,000 units and generally the difference is less than 1,000. There have been cases of identical numbers or differences of just a few tens of units.

Position and type of numbering:

The stamping of the frame number is under the right-hand side panel, on the horizontal frame section, below the fuel tank. The engine number is instead located on the rear of the crankcase, partly concealed by the gearshift rod.

On the frame the prefix was "125 LI" on the first examples produced. Subsequently it became "125 LI3".

The engine number prefix was always "125 LI".

Only on the very last examples from late 1967 (from n. 148.001) does the frame prefix become 125 LI4.

Frame n. and production n. relationship:

The stamped frame and engine numbers faithfully reflect the Lambretta 125 LI3 production total.

It is therefore perfectly possible to use the frame and engine number to calculate the build month on the basis of the Innocenti records.

Numeri di produzione 125 LI Terza serie

Production figures 125 LI Series III

Mese	*Month*	produz. *production*	Totale *Total*
1965			
genn.	*Jan.*	793	128.081
febb.	*Feb.*	413	128.494
mar.	*Mar.*	2.360	130.854
apr.	*Apr.*	2.276	133.130
mag.	*May*	1.634	134.764
giu.	*June*	1.158	135.922
lug.	*July*	2.288	138.210
ago.	*Aug.*	1.200	139.410
sett.	*Sept.*	1.716	141.126
ott.	*Oct.*	611	141.737
nov.	*Nov.*	1.503	143.240
dic.	*Dec.*	0	143.240
1966			
genn.	*Jan.*	501	143.741
febb.	*Feb.*	499	144.240
mar.	*Mar.*	300	144.540
apr.	*Apr.*	107	144.647
mag.	*May*	320	144.967
giu.	*June*	295	145.262
1967			
sett.	*Sept.*	600	145.862
ott.	*Oct.*	551	146.413
nov.	*Nov.*	321	146.734
Totale produzione *Total production*			146.734

Numeri di produzione 150 LI Terza serie
Production figures 150 LI Series III

Mese *Month*		produz. *production*	Totale *Total*
1962			
genn.	*Jan.*	5.720	5.720
febb.	*Feb.*	5.835	11.555
mar.	*Mar.*	5.287	16.842
apr.	*Apr.*	2.659	19.501
mag.	*May*	5.339	24.840
giu.	*June*	3.240	28.080
lug.	*July*	3.220	31.300
ago.	*Aug.*	1.606	32.906
sett.	*Sept.*	3.085	35.991
ott.	*Oct.*	3.079	39.070
nov.	*Nov.*	5.991	45.061
dic.	*Dec.*	3.656	48.717
1963			
genn.	*Jan.*	4.379	53.096
febb.	*Feb.*	5.147	58.243
mar.	*Mar.*	5.134	63.377
apr.	*Apr.*	5.167	68.544
mag.	*May*	7.064	75.608
giu.	*June*	4.971	80.579
lug.	*July*	4.145	84.724
ago.	*Aug.*	626	85.350
sett.	*Sept.*	5.020	90.370
ott.	*Oct.*	3.550	93.920
nov.	*Nov.*	1.609	95.529
dic.	*Dec.*	1.209	96.738
1964			
genn.	*Jan.*	3.869	100.607
febb.	*Feb.*	2.016	102.623
mar.	*Mar.*	2.423	105.046
apr.	*Apr.*	816	105.862
mag.	*May*	230	106.092
giu.	*June*	701	106.793
lug.	*July*	736	107.529
ago.	*Aug.*	402	107.931
sett.	*Sept.*	1.650	109.581
ott.	*Oct.*	2.020	111.601
nov.	*Nov.*	816	112.417
dic.	*Dec.*	1.600	114.017

150 LI Terza serie

N. di partenza:
Il numero di partenza del telaio e del motore della 150 LI Terza serie è identico: 600.001.

Coincidenza numeri Telaio/Motore:
Partendo con lo stesso numero, la coincidenza dei numeri telaio-motore e sempre molto vicina e progressiva: difficilmente si trovano esemplari con più di 5.000 numeri di differenza e, normalmente, il divario non supera le 2.000 unità. Solamente verso la fine produzione del 1965/66 si verificano diversità molto elevate, anche nell'ordine di 40.000 unità.

Posizione e tipo di numerazione:
La punzonatura del numero di telaio è sotto il cofano destro, sulla parte orizzontale del telaio, sotto il serbatoio. La posizione del numero di motore è nella parte posteriore del carter, seminascosta dal tirante comando marce.
Sul telaio il prefisso è "150 LI" soltanto sui primssimi esemplari costruiti. Successivamente diventa "150 LI3". Il motore è sempre "150LI".

Rapporto n. di telaio e n. di produzione:
Il rapporto tra il numero di Lambretta 150 LI Terza serie prodotte e i numeri di telaio punzonati non è purtroppo sufficientemente corretto e proporzionato. A fronte di una produzione totale di 142.982 esemplari, il numero di telaio più alto conosciuto si avvicina a 720.000; mancherebbero, quindi, più di 22.000 Lambretta all'appello.

Osservando i dati in nostro possesso possiamo affermare che, fino a tutto il 1963, la produzione segue abbastanza fedelmente la numerazione dei telai; poi, dal 1964, le differenze diventano molto ampie ed è praticamente impossibile trovare una data di costruzione certa confrontando i tabulati di produzione con il numero di telaio.

150 LI Series III

Initial numbering:

The initial frame and engine numbers of the 150 LI Series III are identical: 600.001.

Frame/Engine number coincidence:

Starting from the same point, the coincidence between frame and engine numbers is always very close and progressive: it would be difficult to find examples with over 5,000 units of difference and generally the gap does not exceed 2,000. Only towards the end of production in 1965/66 are there significantly high differences that may be as high as 40,000 units.

Position and type of numbering:

The stamping of the frame number is under the right-hand side panel, on the horizontal frame section, below the fuel tank. The engine number is instead located on the rear of the crankcase, partly concealed by the gearshift rod.

On the frame the prefix was "150 LI" on the very first examples constructed only. Subsequently it became "150 LI3". The engine number prefix was always "150LI".

Frame n. and production n. relationship:

Unfortunately, the relationship between the number of Lambretta 150 LI IIIs produced and the stamped frame numbers is insufficiently correct and proportionate. Compared with a production total of 142,982 examples, the highest known frame number is close to 720.000; this means that over 22,000 Lambrettas are unaccounted for.

Examining the data in our possession we may say that through to the end of 1963 production followed the frame numbering fairly closely; then, from 1964, the differences became significant and it is virtually impossible to find a reliable build date by comparing the production records with the frame number.

Numeri di produzione 150 LI Terza serie

Production figures 150 LI Series III

Mese	*Month*	produz. *production*	Totale *Total*
1965			
genn.	*Jan.*	1.080	115.097
febb.	*Feb.*	1.853	116.950
mar.	*Mar.*	2.098	119.048
apr.	*Apr.*	964	120.012
mag.	*May*	1.500	121.512
giu.	*June*	800	122.312
lug.	*July*	1.716	124.028
ago.	*Aug.*	80	124.108
sett.	*Sept.*	1.600	125.708
ott.	*Oct.*	1.439	127.147
nov.	*Nov.*	1.599	128.746
dic.	*Dec.*	2.386	131.132
1966			
genn.	*Jan.*	1.180	132.312
febb.	*Feb.*	1.750	134.062
mar.	*Mar.*	1.136	135.198
apr.	*Apr.*	1.302	136.500
mag.	*May*	1.240	137.740
giu.	*June*	700	138.440
lug.	*July*	1.000	139.400
ago.	*Aug.*	0	139.440
sett.	*Sept.*	677	140.117
ott.	*Oct.*	706	140.823
nov.	*Nov.*	920	141.743
dic.	*Dec.*	320	142.063
1967			
genn.	*Jan.*	754	142.817
USA			
mag.	*May*	274	143.091
Totale produzione *Total production*			143.091

MOTOCICLO

Lambretta 150 li

1960

Omologato dal Ministero dei Trasporti - Ispettorato Generale Motorizzazione Civile e T.C.
Certificato n. 0903 OM in data 20 Giugno 1960

autorizzato il rilascio della dichiarazione di conformità di cui all'art. 53 del T.U. 15-6-1959 n. 393

150 LI ✩ 0123456789 ✩
IGM. 0903. OM.

Punzonatura telaio: a destra sotto il serbatoio benzina effettuata su una sola riga.

Le dimensioni riportate sono indicative. Per esigenze di fabbricazione sono ammessi piccoli spostamenti.

* TIPO DELLA STRUTTURA: telaio

Posti . . . n 2

DIMENSIONI
Lunghezza max. . . . m 1,830
Larghezza max. . . . m 0,710
* Passo (a carico) . . . m 1,290
Diametro minimo di volta . . . m 3,30

PESI
Tara kg 120 + conducente kg 70 . . . kg 190
Portata utile . . . kg 70
* Peso complessivo . . . kg 258

SOSPENSIONI (tipo a descrizione)
anteriore: a bielletta oscillante e ruota tirata
posteriore: a molla elicoidale.

RUOTE con cerchio 2.10"
Pneumatici: anteriori 350 x 10; posteriori 350 x 10

* FRENI (v. retro).

IMPIANTO ELETTRICO
Dinamo-magnete volano: volt 6 - watt 30 nomin.
Batteria volt 6 - Ah 8

Dispositivi illuminazione e segnalamento
Proiettore con luce di posizione anteriore mutuamente incorporata; luce di posizione posteriore con luce di arresto mutuamente incorporata; luce di targa combinata con luci di posizione posteriore; catadiottro raggruppato con la luce di posizione posteriore; dispositivo di segnalazione acustica.

MOTORE

* Denominazione o Modello 150 LI
* Tempi . . . n 2
* Cilindri . . . n 1
* Diametro . . . mm 57
* Corsa . . . mm 58
* Cilindrata . . . cm³ 148
Potenza fiscale . . . Cv 3
Rapporto di compressione . . . 7

* Potenza max. effettiva . . . Cv 6,67 a giri/1' 5200

FRIZIONE a dischi multipli in bagno d'olio

CAMBIO DI VELOCITA'
Comando a mano sulla manopola sinistra
N. 4 marce

Marce	Rapporti cambio	* Velocità calcolata a n. giri max. potenza Rapporto finale (pignone corona) Diretto (1)			
1	1 : 4,545	29			
2	1 : 2,928	44			
3	1 : 2,176	61			
4	1 : 1,700	78			

* TRASMISSIONE primaria a catena 1 : 3,066.
(1) Ruota posteriore calettata sull'albero del cambio.

PRESTAZIONI
1 km partenza da fermo sec 50,8 km/h 70,8
1 km lanciato sec 43,3 km/h 83,1
Velocità max. effettiva km/h 83,1
Consumo (norme CUNA) litri/100 km 1,94

SERBATOIO: Capacità totale litri 8

SILENZIATORE (v. retro).

Numeri di produzione 175 LI Terza serie

Production figures 175 LI Series III

Mese *Month*	produz. *production*	Totale *Total*
1962		
mar. *Mar.*	916	916
apr. *Apr.*	1.381	2.297
mag. *May*	2.100	4.397
giu. *June*	1.592	5.989
lug. *July*	1.890	7.879
ago. *Aug.*	970	8.849
sett. *Sept.*	1.150	9.999
ott. *Oct.*	873	10.872
nov. *Nov.*	1.746	12.618
dic. *Dec.*	1.331	13.949
1963		
genn. *Jan.*	2.115	16.064
febb. *Feb.*	2.133	18.197
mar. *Mar.*	2.221	20.418
apr. *Apr.*	1.590	22.008
mag. *May*	1.170	23.178
giu. *June*	402	23.580
lug. *July*	1.844	25.424
ago. *Aug.*	296	25.720
sett. *Sept.*	1.454	27.174
ott. *Oct.*	280	27.454
nov. *Nov.*	108	27.562
dic. *Dec.*	941	28.503
1964		
genn. *Jan.*	1.415	29.918
febb. *Feb.*	1.014	30.932
mar. *Mar.*	449	31.381
apr. *Apr.*	326	31.707
mag. *May*	730	32.437
giu. *June*	670	33.107
lug. *July*	300	33.407
ago. *Aug.*	0	33.407
sett. *Sept.*	790	34.197
ott. *Oct.*	789	34.986
nov. *Nov.*	600	35.586
dic. *Dec.*	502	36.088

175 TV Terza serie

N. di partenza:
Per la 175 TV Terza serie viene riservato un numero di partenza uguale sia per il telaio che per il motore: 500.001.

Coincidenza numeri Telaio/Motore:
Partendo con lo stesso numero, la coincidenza dei numeri telaio-motore è sempre molto vicina e progressiva: difficilmente si trovano esemplari con più di 3.000 numeri di differenza e, normalmente, il divario non supera le 2.000 unità. Solamente verso la fine produzione si sono trovati esemplari con differenze più elevate, nell'ordine di 8.000 numeri.

Posizione e tipo di numerazione:
La punzonatura del numero di telaio è sotto il cofano destro, sulla parte orizzontale del telaio, sotto il serbatoio. La posizione del numero di motore è nella parte posteriore del carter, seminascosta dal tirante comando marce.
Sul telaio il prefisso è sempre "175 TV 3" mentre sul motore rimane il prefisso della vecchia serie: "175 TV2". Per riconoscere il motore della Terza serie è sufficiente verificare che la numerazione sia superiore a 500.001.

Rapporto n. di telaio e n. di produzione:
Inizialmente la numerazione del telaio segue fedelmente il numero di unità prodotte poi, a causa dell'introduzione della TV 200 (che utilizza lo stesso numero 500.000), il rapporto n. di telaio e n. di unità prodotte non è più progressivo e quindi non è possibile calcolare con esattezza la data di produzione con i consuntivi Innocenti.

175 TV Series III

Initial numbering:
For the 175 TV Series III the frame and engine number started from the same point: 500.001.

Frame/Engine number coincidence:
Starting from the same point, the coincidence between frame and engine numbers is always very close and progressive: it would be difficult to find examples with over 3,000 units of difference and generally the gap does not exceed 2,000. Only towards the end of production does one find examples with greater differences in the order of 8,000 units.

Position and type of numbering:
The stamping of the frame number is under the right-hand side panel, on the horizontal frame section, below the fuel tank. The engine number is instead located on the rear of the crankcase, partly concealed by the gearshift rod.
On the frame the prefix is always "175 TV 3", while on the engine the prefix from the earlier series was retained: "175 TV2". A Series III engine may be identified by a number higher than 500.001.

Frame n. and production n. relationship:
Initially the frame numbering followed the number of units produced fairly closely, but with the introduction of the TV 200 (which was assigned the same 500.000 sequence), the frame number and production number ratio was no longer progressive and it is not possible to calculate a reliable build date on the basis of the Innocenti records.

Numeri di produzione 175 LI Terza serie

Production figures 175 LI Series III

Mese / *Month*	produz. / *production*	Totale / *Total*
1965		
genn. *Jan.*	20	36.108
febb. *Feb.*	0	36.108
mar. *Mar.*	350	36.458
apr. *Apr.*	212	36.670
mag. *May*	300	36.970
giu. *June*	200	37.170
lug. *July*	446	37.616
ago. *Aug.*	0	37.616
sett. *Sept.*	0	37.616
ott. *Oct.*	178	37.794
Totale produzione *Total production*		37.794

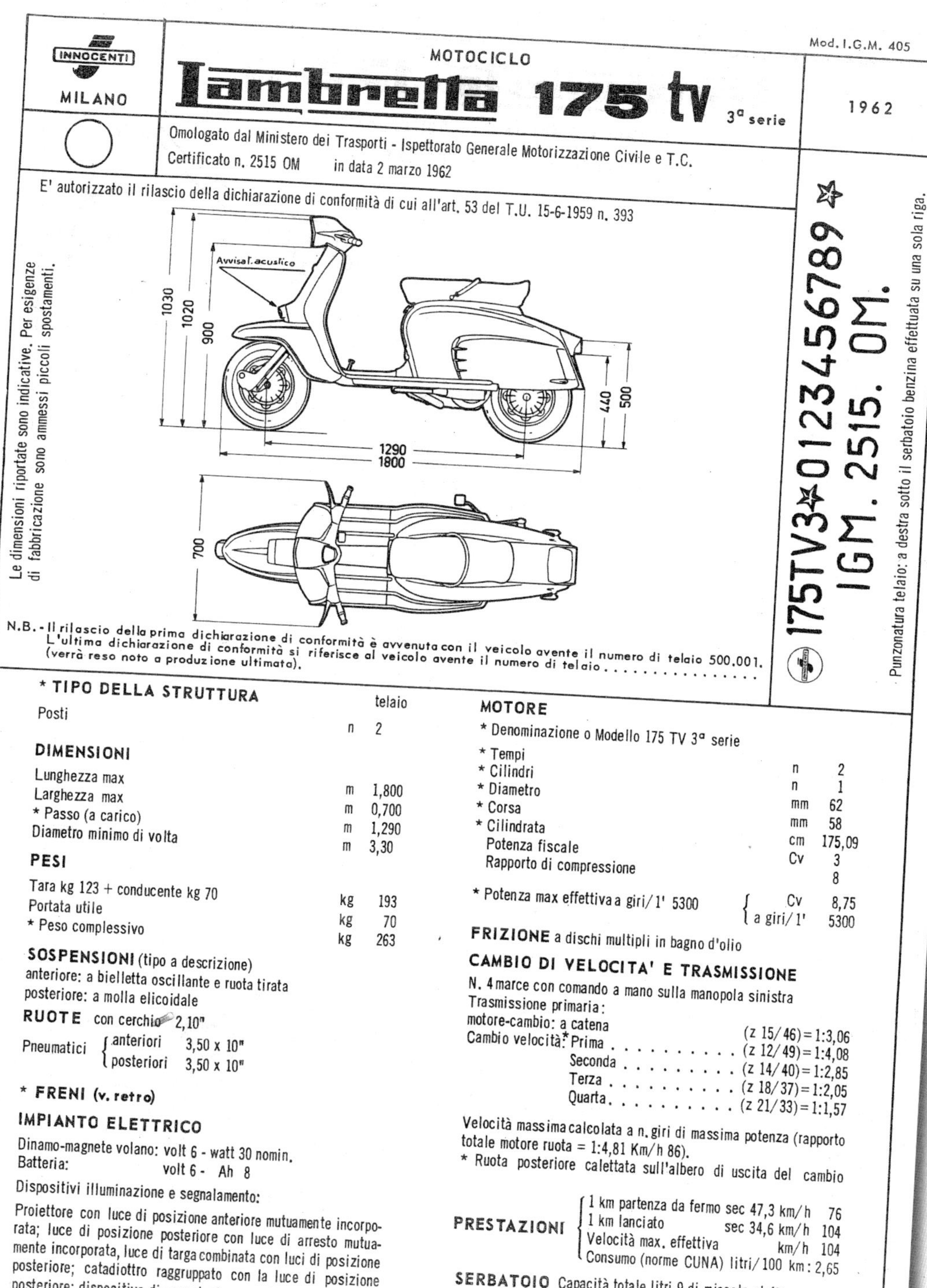

INNOCENTI MILANO

MOTOCICLO

Lambretta 175 tv 3ª serie

Mod. I.G.M. 405

1962

Omologato dal Ministero dei Trasporti - Ispettorato Generale Motorizzazione Civile e T.C.
Certificato n. 2515 OM in data 2 marzo 1962

E' autorizzato il rilascio della dichiarazione di conformità di cui all'art. 53 del T.U. 15-6-1959 n. 393

Le dimensioni riportate sono indicative. Per esigenze di fabbricazione sono ammessi piccoli spostamenti.

175TV3✩0123456789✩
IGM. 2515. OM.

Punzonatura telaio: a destra sotto il serbatoio benzina effettuata su una sola riga.

N.B. - Il rilascio della prima dichiarazione di conformità è avvenuta con il veicolo avente il numero di telaio 500.001.
L'ultima dichiarazione di conformità si riferisce al veicolo avente il numero di telaio . . . .
(verrà reso noto a produzione ultimata).

*** TIPO DELLA STRUTTURA** telaio

Posti n 2

DIMENSIONI

Lunghezza max	m	1,800
Larghezza max	m	0,700
* Passo (a carico)	m	1,290
Diametro minimo di volta	m	3,30

PESI

Tara kg 123 + conducente kg 70	kg	193
Portata utile	kg	70
* Peso complessivo	kg	263

SOSPENSIONI (tipo a descrizione)
anteriore: a bielletta oscillante e ruota tirata
posteriore: a molla elicoidale

RUOTE con cerchio 2,10"

Pneumatici { anteriori 3,50 x 10" / posteriori 3,50 x 10"

*** FRENI (v. retro)**

IMPIANTO ELETTRICO

Dinamo-magnete volano: volt 6 - watt 30 nomin.
Batteria: volt 6 - Ah 8

Dispositivi illuminazione e segnalamento:

Proiettore con luce di posizione anteriore mutuamente incorporata; luce di posizione posteriore con luce di arresto mutuamente incorporata, luce di targa combinata con luci di posizione posteriore; catadiottro raggruppato con la luce di posizione posteriore; dispositivo di segnalazione acustica.

MOTORE

* Denominazione o Modello 175 TV 3ª serie

* Tempi	n	2
* Cilindri	n	1
* Diametro	mm	62
* Corsa	mm	58
* Cilindrata	cm	175,09
Potenza fiscale	Cv	3
Rapporto di compressione		8

* Potenza max effettiva a giri/1' 5300 { Cv 8,75 / a giri/1' 5300

FRIZIONE a dischi multipli in bagno d'olio

CAMBIO DI VELOCITA' E TRASMISSIONE

N. 4 marce con comando a mano sulla manopola sinistra
Trasmissione primaria:
motore-cambio: a catena (z 15/46) = 1:3,06
Cambio velocità:* Prima . . . . (z 12/49) = 1:4,08
Seconda . . . . (z 14/40) = 1:2,85
Terza . . . . (z 18/37) = 1:2,05
Quarta . . . . (z 21/33) = 1:1,57

Velocità massima calcolata a n. giri di massima potenza (rapporto totale motore ruota = 1:4,81 Km/h 86).
* Ruota posteriore calettata sull'albero di uscita del cambio

PRESTAZIONI
- 1 km partenza da fermo sec 47,3 km/h 76
- 1 km lanciato sec 34,6 km/h 104
- Velocità max. effettiva km/h 104
- Consumo (norme CUNA) litri/100 km: 2,65

SERBATOIO Capacità totale litri 9 di miscela al 4%

SILENZIATORE (v. retro)

* Caratteristiche essenziali la cui modifica comporta la necessità di una nuova omologazione (art. 225 del D.P.R. 30-6-1959 n. 420).

Finito di stampare presso Lito Terrazzi, Iolo (PO) nel mese di settembre 2019